上海市工程建设规范

住宅区和住宅建筑通信配套工程技术标准

Technical standard for communication accessory project of residential districts & buildings

DG/TJ 08—606—2023
J 10334—2023

主编单位:上海邮电设计咨询研究院有限公司
批准部门:上海市住房和城乡建设管理委员会
施行日期:2023 年 6 月 1 日

同济大学出版社

2023　上海

图书在版编目(CIP)数据

住宅区和住宅建筑通信配套工程技术标准/上海邮电设计咨询研究院有限公司主编. —上海：同济大学出版社，2023. 8

ISBN 978-7-5765-0881-9

Ⅰ. ①住… Ⅱ. ①上… Ⅲ. ①居住区-通信工程-技术标准-上海 Ⅳ. ①TN91-65

中国国家版本馆 CIP 数据核字(2023)第 132723 号

住宅区和住宅建筑通信配套工程技术标准

上海邮电设计咨询研究院有限公司 **主编**

责任编辑 朱 勇

责任校对 徐春莲

封面设计 陈益平

出版发行 同济大学出版社 www. tongjipress. com. cn

(地址:上海市四平路 1239 号 邮编：200092 电话:021－65985622)

经 销 全国各地新华书店

印 刷 浦江求真印务有限公司

开 本 889mm×1194mm 1/32

印 张 5. 125

字 数 138 000

版 次 2023 年 8 月第 1 版

印 次 2023 年 8 月第 1 次印刷

书 号 ISBN 978-7-5765-0881-9

定 价 50. 00 元

上海市住房和城乡建设管理委员会文件

沪建标定〔2023〕32 号

上海市住房和城乡建设管理委员会关于批准《住宅区和住宅建筑通信配套工程技术标准》为上海市工程建设规范的通知

各有关单位：

由上海邮电设计咨询研究院有限公司主编的《住宅区和住宅建筑通信配套工程技术标准》，经我委审核，现批准为上海市工程建设规范，统一编号为 DG/TJ 08—606—2023，自 2023 年 6 月 1 日起实施。原《住宅区和住宅建筑通信配套工程技术标准》DG/TJ 08—606—2019 同时废止。

本标准由上海市住房和城乡建设管理委员会负责管理，上海邮电设计咨询研究院有限公司负责解释。

上海市住房和城乡建设管理委员会

2023 年 1 月 17 日

前　言

根据上海市住房和城乡建设管理委员会《关于印发〈2021年上海市工程建设规范编制计划（第二批）〉的通知》（沪建标定〔2021〕721号）的要求，为贯彻国家关于以5G和千兆光网为代表的“双千兆”网络的发展战略，实现住宅区和住宅建筑内光纤宽带与第五代移动通信（5G）等高速无线网络的覆盖，开展光纤到房间、光纤到桌面建设，提升住宅区及住宅户内网络质量，由上海邮电设计咨询研究院有限公司会同有关单位和人员对自2019年10月1日起实施的上海市工程建设规范《住宅区和住宅建筑通信配套工程技术标准》DG/TJ 08—606—2019进行修订。

修订后的《住宅区和住宅建筑通信配套工程技术标准》DG/TJ 08—606—2023与DG/TJ 08—606—2019相比，主要变化如下：

1. 第2章增加光纤到房间、室内覆盖系统相关术语。

2. 第3章增加新建住宅户内采用光纤到房间布线系统的要求；调整住宅区和住宅建筑室内覆盖系统和室外覆盖微基站建设的分工界面，以适应建设模式的更新。

3. 第5章增加“宏基站”，其他相关章节移动通信系统增加5G，更新配套技术要求。

4. 第9章增加户内光纤信息插座的设置要求。

5. 第10章增加入户光缆用户侧端接处的要求。

6. 第11、12、18、19、20章增加住户内光纤布线、光缆设计、施工、测试、验收等的相关技术要求。

7. 第2、3、4、9、10、11、12、18、19、20章删除非屏蔽对绞电缆的相关技术要求。

本标准的主要内容有：总则；术语；基本规定；住宅区光纤到户接入系统的设计；住宅区移动通信覆盖系统的设计；机房的设计；室外光缆交接箱的设置；住宅区地下通信管道的设计；住宅建筑内通信管网的设计；住宅区内光缆线路的设计；住宅建筑内通信线缆的设计；器材检验；住宅区通信管道的施工；住宅建筑内通信配套设施的施工；中心机房内设备安装；室外光缆交接箱的安装；住宅区线缆的施工；住户内通信线缆的施工；光缆系统测试；工程验收。

各单位及相关人员在执行本标准过程中，如有意见和建议，请及时反馈至上海市通信管理局（地址：上海市中山南路 508 号；邮编：200010；E-mail：shtxjsgl@126.com），上海邮电设计咨询研究院有限公司（地址：上海市国康路 38 号；邮编：200092；E-mail：sptdi.sh@chinaccs.cn），上海市建筑建材业市场管理总站（地址：上海市小木桥路 683 号；邮编：200032；E-mail：shgcbz@163.com），以供今后修订时参考。

主 编 单 位：上海邮电设计咨询研究院有限公司
参 编 单 位：华东建筑集团股份有限公司
中国铁塔股份有限公司上海市分公司
东方有线网络有限公司
主要起草人：刘 健 许 锐 严森垒 冯 芒 吴炯翔
周孝俊 陆蓓隽 王 晔 曲 乐 陆 恒
贾 明 陆 冰 李会永 李 辰
主要审查人：张坚平 柳正强 戴 渊 倪纪刚 蒋 毅
李英木 张 平

上海市建筑建材业市场管理总站

目　次

Contents

1 总 则

1.0.1 为了贯彻国家“双千兆”网络发展战略，实现住宅区和住宅建筑内光纤宽带与高速无线网络的覆盖，适应本市住宅建设和城市信息化发展的需要，实现固定、移动通信网络的良好融合覆盖，满足通信设施共建共享等要求，使住宅建筑及住宅区的通信设施能适应信息通信网向数字化、综合化、宽带化方向发展，制定本标准。

1.0.2 本标准适用于本市新建住宅区及住宅建筑的固定宽带和移动通信覆盖的通信配套设施设计、施工及验收。

1.0.3 新建住宅建筑通信配套工程应根据住宅建筑的类型、功能、环境条件和近、远期用户需求等，进行通信设施和管线的设计。设计应考虑施工和维护方便，做到技术先进、安全可靠、经济合理。

1.0.4 住宅建筑通信配套设施设计、工程施工及验收，除应符合本标准外，尚应符合国家、行业和本市现行有关标准的规定。

2 术　语

2.0.1 住宅 residential buildings

供家庭居住使用的建筑。

2.0.2 住宅区和住宅建筑通信配套设施 communication accessory facilities in residential districts & buildings

为住宅用户提供各类固定、移动通信业务服务的通信基础设施，由固定宽带接入通信配套设施和移动通信覆盖配套设施组成，包括住宅区通信管道、通信光缆、机房、移动通信设施安装预留平台、小型杆站安装位置、落地机柜安装基础、住宅建筑内暗配线系统等，不含有线电视、建筑设备监控、火灾报警及安全防范等系统。

2.0.3 低层住宅 low-rise dwelling building

一至三层的住宅。

2.0.4 多层住宅 multi-storey dwelling building

四至六层的住宅。

2.0.5 中高层住宅 medium high-rise dwelling building

七至九层且地上建筑高度不大于 27 m 的住宅。

2.0.6 高层住宅 high-rise dwelling building

十层及十层以上或地上建筑高度大于 27 m 且不大于 100 m 的住宅。

2.0.7 超高层住宅 super high-rise dwelling building

地上建筑高度大于 100 m 的住宅。

2.0.8 别墅 villa

带有私家花园的低层独立式住宅。

2.0.9 跃层式住宅 duplex apartment building

套内空间跨越两个或三个楼层且设有套内楼梯的住宅。

2.0.10 光纤到户 fiber to the home (FTTH)

指仅利用光纤媒质连接通信局端和家庭住宅的接入方式。

2.0.11 光纤到房间 fiber to the room (FTTR)

在光纤到户的基础上,进一步利用光纤媒质延伸至住宅户内的各个房间的组网方式。

2.0.12 中心机房 central telecom equipment room

用于安装住宅区内通信设施的设备用房。

2.0.13 电信间 telecommunications room

用于安装住宅单元内通信设施的设备用房。

2.0.14 光缆交接箱 optical cable cross-connecting cabinet

用于连接主干光缆和配线光缆的设备。

2.0.15 住宅区移动通信覆盖系统 mobile communication coverage system of residential district

由不同覆盖方式构成的,为住宅区提供移动通信信号覆盖的通信系统,其覆盖方式包括宏基站覆盖、住宅区室外覆盖系统和住宅区室内覆盖系统三种。

2.0.16 移动终端 user equipment (UE)

移动通信网的接入终端设备,又称用户终端,内置移动通信模块,可在移动状态下使用,载体包括手机、数据上网转接设备、各类电脑设备和物联感知设备等。

2.0.17 射频拉远单元 radio remote unit (RRU)

分布式基站中,靠近天线端安装的射频处理单元。

2.0.18 室内分布系统 indoor distribution system

利用室内天线和相关分布器件将移动基站信源的信号分布至室内目标空间的移动通信覆盖系统。

2.0.19 抱杆 antenna pole

用于在楼顶女儿墙、楼面、塔身等处安装固定天线的圆柱形杆件。

2.0.20 微基站 small cell

射频发射功率不大于10 W的基站。

2.0.21 楼层配线箱 floor distribution box

设置在住宅楼层,具有光缆成端及分配功能的箱体。

2.0.22 住户信息配线箱 household telecom junction box

安装于住户内具有各类智能化信息传输、分配和转换(接)功能的配线箱体。

2.0.23 过路箱(盒) pass box

住宅内暗管敷设管段之间为方便施工和维护而设的箱(盒)体。

2.0.24 信息插座 telecommunications outlet

支持各类通信业务的线缆终端模块。

2.0.25 空面板 blank panel

用于工程建设阶段覆盖光纤插座底盒的空白面板。

2.0.26 面板式AP panel style AP

安装于墙面或墙面插座底盒上的一种可提供无线Wi-Fi网络覆盖及有线连接的网络设备。

2.0.27 光纤配线架 optical fiber distribution frame(ODF)

光缆和光通信设备之间或光通信设备之间的配线连接设备。

2.0.28 光分路器 optical fiber splitter

可以将一路光信号分成多路光信号以及完成相反过程的无源器件。

2.0.29 光缆接头盒 closure for optical fiber cables

为相邻光缆段间提供光学、电气、密封和机械强度连续性的保护装置。

2.0.30 交接配线 cross-connecting distribution

主干光缆经过交接设备再接到分线设备的一种配线方式。

2.0.31 直接配线 direct-connecting distribution

光缆不经过交接设备,直接接到分线设备的一种配线方式。

2.0.32 光纤机械式接续器 optical fiber mechanical splice

一种通过非熔接的方式快速实现裸光纤对接的接续器件，通常称为“冷接子”。

2.0.33 光纤活动连接器 optical fiber connector

以单芯插头和适配器为基础组成的插拔式连接器，用于两根光纤实现光学连接的器件。

2.0.34 现场组装式光纤活动连接器 field-mountable optical connector

一种可在施工现场用机械方式在光纤或光缆的护套上直接组装而成的光纤活动连接器，通常称为“冷接头”。

2.0.35 波长段扩展的非色散位移单模光纤 extended wavelength band dispersion unshifted single-mode optical fiber

零色散波长在 1 310 nm 处，波长在 1 550 nm 处衰减最小，并将可以使用的波长区域扩展到了 1 360 nm～1 530 nm 段。该光纤我国的国内标准(GB)分类代号为 B1.3，目前其对应于 ITU-T 的标准分类代号为 G.652C 和 G.652D，对应于 IEC 的标准分类代号为 B1.3C 和 B1.3D。

2.0.36 接入网用弯曲损耗不敏感单模光纤 bending loss insensitive single mode optical fiber for the access network

具有改进的微弯性能，适合在建筑物内进行小弯曲半径安装的光纤。该光纤我国的国内标准(GB、YD)分类代号为 B6，其对应于 ITU-T 的标准分类代号为 G.657，对应于 IEC 的标准分类代号为 B6。

2.0.37 尾纤 tail fiber

一根一端带有光纤连接器插头的单芯或多芯光缆组件。

2.0.38 跳纤 optical fiber jumper

一根两端均带有光纤连接器插头的单芯或多芯光缆组件。

2.0.39 引上管 the pipe of leading to ground

室外地下通信管道的人(手)孔至地上建筑物外墙、电杆或室外设备箱间的管道。

2.0.40 建筑物引入管 entrance pipe of building

地下通信管道的人(手)孔与建筑物之间的地下连接管道。

2.0.41 竖向暗配管 vertical built-in pipe

楼层配线箱(过路盒)之间的上下连接管道。

2.0.42 水平暗配管 horizontal built-in pipe

楼层配线箱或竖井与住户信息配线箱之间的暗管以及住户信息配线箱与信息插座之间的暗管。

2.0.43 分布式无源天馈系统 distributed system with passive antenna-feeder

由无源天馈设备和器件组成的分布式无线信号覆盖系统。

2.0.44 漏泄电缆系统 leaky coaxial cable system

由漏泄电缆和连接器件组成的特殊天馈信号覆盖系统。

2.0.45 家庭基站 home eNode B (HeNB)

在外部移动通信网络信号难以覆盖的住宅内场景为家庭用户室内设置的微功率基站,利用家庭宽带接入网络承担基站的回传或前传,并使用相应安全机制接入移动通信核心网。

2.0.46 光电混合缆 optical and electrical hybrid cable

光电混合缆是集成光纤和输电铜线的一种复合形式线缆,可以同时提供数据传输和设备远程供电功能。

3 基本规定

3.0.1 新建住宅区固定宽带应采用光纤到户的接入方式，且应统一接入技术，统一分光方式（一级或二级分光），在同一栋建筑内应统一各级光分路器的安装位置。

3.0.2 新建住宅户内应采用光纤到房间（FTTR）的组网方式。

3.0.3 各电信业务经营者均应通过中心机房或光缆交接箱接入住宅区。

3.0.4 新建住宅区移动通信覆盖应优先选用蜂窝宏基站方式，并根据实际情况以微基站、室内覆盖系统等方式做补充完善。

3.0.5 新建住宅区和住宅建筑通信配套设施的专业分工应符合下列规定：

1 住宅区中心机房的土建工艺、住宅区及住宅建筑预留的移动通信安装维护配套设施及其美化罩、住宅建筑内的通信管网系统（包含楼层配线箱、住户信息配线箱在内）、住户内室内电话线、电话信息插座、FTTR 涉及的插座底盒及空面板由建筑设计单位负责设计，住宅建设单位负责建设。

2 住宅区内通信管道、通信线缆、光纤配线架、光缆交接箱及上述设施中端接光缆所需的器件安装，移动通信室内覆盖系统的分布系统天线、器件和线缆安装，室外微基站的沟通线缆敷设，入户光缆的敷设及在楼层配线箱处的端接，FTTR 涉及的住户内光缆的敷设由通信配套设计单位负责设计，住宅建设单位负责建设；建筑设计方案审核应包含以上内容，其中移动通信系统相关设计方案应通过市通信行业主管部门或各区分支机构与当地通信行业各方共同确定。

3 自住宅区至各电信业务经营者网络的通信管道、光缆、光分纤设备，住宅区机房内的通信主设备，住宅区内的光分路器，入户光缆在户内光纤信息插座处的端接，FTTR 涉及的住户内光缆的端接、光纤信息插座的面板、有源设备及光分路器，移动通信（微）基站设备及其线缆附件由通信配套设计单位负责设计，电信业务经营者负责建设；机房内的空调、电源等辅助设备由通信配套设计单位负责设计，通信基础设施服务提供商及电信业务经营者负责建设。

3.0.6 住宅区机房、移动通信安装维护配套设施、移动通信室内覆盖的分布系统、室外微基站的沟通设施、住宅区通信管道、通信光缆和入户光缆均为共享的通信设施，各电信业务经营者均可使用。

3.0.7 住宅区内中心机房或光缆交接设备至住宅区其他机房、电信间、住宅建筑单元的楼层配线箱、通信综合杆等设施之间的通信光缆应兼顾固定宽带接入与移动通信覆盖需要，按远期需求配置，同路由的光缆宜由参与共享的电信业务经营者合缆分纤使用。

3.0.8 住宅区部分公共建筑内难以确定信息点位置，无法采用有线宽带接入方式时，可采用无线宽带接入方式。

3.0.9 新建住宅及住宅区的通信配套设施和管线的建设，应与住宅及住宅区的建设同步进行。

3.0.10 住宅区通信管道应与公共通信管网相沟通。

3.0.11 住宅区地下通信管道的管孔容量、住宅区通信光缆容量、光缆交接箱容量、住宅区机房面积、楼层配线箱空间、移动通信安装维护配套设施设置应满足现有电信业务经营者通信业务接入的需要。

3.0.12 住宅区通信光缆应采用地下管道敷设方式，当有地下层空间时可采用桥架敷设方式，住宅建筑内的通信管线应采用暗敷设方式。

3.0.13 光纤配线架、光缆交接箱、楼层配线箱、金属过路箱

(盒)、金属暗盒、金属管路、金属桥架、住户信息配线箱应有接地措施。当采用共用接地体时,接地电阻不应大于 1 Ω;当室外光缆交接箱单独接地时,接地电阻不应大于 10 Ω。

3.0.14 住宅建筑内应采用非延燃型线缆。

3.0.15 住宅区侧与公网侧配线模块所采用的光纤活动连接器型号应相匹配。

3.0.16 给排水管、燃气管、热力管、电力管线等与通信无关的管线不应穿越中心机房、电信间、宏基站机房及弱电竖井。

3.0.17 施工企业必须具有相关主管部门批准的相应施工资质,其施工工程应与核准的施工范围相符。

3.0.18 施工单位应按设计要求、通信行业规范及标准进行施工,如因故发生变更,应由建设单位或设计单位签发变更文件,方可变更施工。

3.0.19 施工单位应强化安全生产意识、健全安全生产责任制。

3.0.20 施工单位应注意环境保护,降低噪声,及时清除余土及其他废弃物,爱护绿化,文明施工。

3.0.21 工程设计、施工应选用符合国家及行业标准的定型产品,以及经国家和行业认可的产品质量监督检验机构鉴定合格的设备及材料,主要器材必须有产品合格证、质量保证书和检测报告。

4 住宅区光纤到户接入系统的设计

4.0.1 住宅区光纤到户接入应以中心机房或光缆交接箱为中心划分配线区。

4.0.2 住宅区内通信光缆按照敷设段落的不同，分为住宅区光缆和入户光缆两部分。住宅区光缆各段芯数应根据分光方式、住宅建筑类型及分光点所辖用户数计算。

4.0.3 楼层配线箱单方向所辖楼层不宜超过 4 层，所辖用户数宜按以下标准设置：

1 多层建筑不超过 12 户。

2 中高层建筑为 8 户～16 户。

3 高层、超高层建筑为 16 户～32 户。

4.0.4 入户光缆的段落划分应符合表 4.0.4 的规定。

表 4.0.4 入户光缆段落划分

建筑物类型	段落	
	起点	终点
多层、中高层、高层、超高层住宅建筑	楼层配线箱	住户信息配线箱
低层、别墅住宅建筑	光缆交接箱、配线箱等	住户信息配线箱

4.0.5 光缆接头盒应采用密封防水结构，其相关要求应符合现行行业标准《光缆接头盒》YD/T 814 的规定。

5 住宅区移动通信覆盖系统的设计

5.1 一般规定

5.1.1 新建住宅区移动通信覆盖范围应包括住户及配套公用建筑室内、室外公共区域、电梯、无电梯建筑楼的楼梯、地下公共区域等。

5.1.2 新建住宅区的移动通信覆盖应满足覆盖区内移动终端在90%的位置、99%的时间可接入网络。

5.1.3 符合城市规划中宏基站站址规划要求的新建住宅区建筑应预留宏基站建设机房、天线场地、缆线布放路由、供电等资源条件;宏基站站址规划于别墅区的还应根据小区环境在开阔空间区域预留必要的立杆站建设场地和预埋管道资源,立杆站建设应与环境协调。

5.1.4 住宅区移动通信系统设计应符合现行国家标准《通信局(站)防雷与接地工程设计规范》GB 50689 的规定。

5.2 宏基站

5.2.1 符合宏基站天线挂高要求的新建建筑屋面宜预留天线塔桅架设、缆线布放路由、机房和供电等资源条件,各系统天线挂高见表 5.2.1。

表 5.2.1 宏基站系统天线挂高要求(m)

区域类型＼系统	公用移动通信/NB-IoT/eMTC/B-TrunC/LoRa	TETRA
密集市区	20～35	40～60

续表5.2.1

区域类型 \ 系统	公用移动通信/NB-IoT/eMTC/B-TrunC/LoRa	TETRA
市区	25～40	50～70
郊区	25～45	60～70
农村	35～50	60～70

5.2.2 建筑屋面天线及其桅杆架设应符合下列要求：

1 宏基站所在建筑应在屋面预留 21 处～30 处安装点位，各点位应按照水平面全方向均匀间隔布局，且相邻点位的水平间隔不应小于 1.5 m。

2 屋面外墙至天线安装位置处径深预留不应小于 1 m。

3 天线安装最高点应至少高出女儿墙 2 m，并应做建筑限高预留。

4 天线位置处外墙法向水平正负 45°、半径 50 m 空间范围内应无阻挡。

5 屋面宜预留 4 处全球导航卫星系统天线安装位置，其与基站天线位置距离不应低于 0.6 m、不应位于基站或微波天线主瓣的正前方，并应在水平面 30°以上空间无遮挡。应在预留位置架设一根 0.5 m 长的 Φ50 mm 抱杆。预留位置与宏基站机房间应预留走线槽道，走线距离不应大于 100 m。

5.2.3 移动通信宏基站应选用基带与射频单元分离的分布式形态设备。

5.3 住宅区室外微基站

5.3.1 非别墅建筑楼宇应按如下规定预留微基站安装维护配套设施：

1 非别墅建筑应预留楼顶通信设备和天线的安装空间。单元楼顶应在每个方向沿外墙预留设备和天线安装位置3处，相邻点位的水平间隔不应小于1.5 m，楼顶外墙至天线安装位置处径深预留不应小于1 m；天线安装最高点应至少高出女儿墙2 m，并应做建筑限高预留；天线位置处外墙法向水平正负45°、半径50 m空间范围内应无阻挡，间距不足50 m的邻排楼宇之间应为无阻挡空间。

2 中高层、高层和超高层住宅应在楼体外墙构造微基站设备的安装维护配套设施，宜设置在楼层公共区域窗体的下方或旁侧外墙位置或其他方便施工维护的位置，并应提供安装维护用支撑体；设置点宜避开居民活动区域并与建筑协调，可结合建筑外立面的装饰性构造设置；结合具体楼宇构型，单体建筑外墙微基站水平间距宜按50 m左右设置，微基站布局宜提供小区建筑立面全覆盖，楼宇建筑设计应依此在相关单元外墙预留微基站安装维护配套设施。

3 微基站安装维护配套设施应在楼宇外墙距地15 m、50 m、85 m、120 m(对应参考楼层5、15、25、35层)等高度位置设置，每处以该位置为中心设置上、中、下三层平台，相邻层垂直间隔应在2 m～4 m之间，并应设置在施工方便的位置；每层平台室外安装设备空间不应小于500 mm(宽)×500 mm(深)×1 000 mm(高)、载荷不应低于2 kN/m^2，天线设备向外至对面建筑应无阻挡，非面向建筑的环境下天线安装位置外墙法向水平正负45°、半径50 m空间范围内应无阻挡。

4 应在平台上、设备安装空间外加装美化罩，罩身应采用非金属材料，并在700 MHz～6 000 MHz频段内应满足信号穿透损耗小于3 dB；美化罩应统一设计，与建筑外立面外观协调。

5 预留设施所在楼顶及中间楼层应在弱电竖井内预留一路220 V插座，插座容量楼顶处不应小于3.5 kW、中间楼层处不应小于2 kW，并在弱电竖井与室外微基站安装位置间预留传输信号和供电线缆管路资源。

5.3.2 新建住宅小区应预留立杆站设置资源，立杆站设置和预留资源应符合下列要求：

1 宜与小区灯杆、监控杆等基础设施合设，小区内每 4 500 m^2 占地面积应预留 3 个通信综合杆，并应根据杆高和承重要求核算土建基础建设需求。

2 同一电信业务经营者的立杆站设备有多制式需求的应选择多模合一的形态。

3 杆高 10 m 及以上的应满足杆顶或杆体最大 20 kg 设备安装条件，设备安装空间不应小于 Φ500×800 mm；杆高 10 m 以下的应满足杆顶或杆体最大 10 kg 设备安装条件，设备安装空间不应小于 Φ500×400 mm，设备挂高不应低于 3.5 m；可加装美化罩，美化罩应符合第 5.3.1 条第 4 款的要求。

4 杆内部应能布放线缆，出口处应配置线缆固定装置。

5 通信综合杆应为杆顶站设备预留一路 10 A、220 V 单相断路器，容量不应小于 400 W。

6 通信综合杆与中心机房间应有地下管道沟通。

5.3.3 室外微基站应优先选用信源与天线一体化设备。

5.3.4 室外微基站的信源基带设备、传输设备以及电源配套设备可安装在住宅区中心机房内，射频远端设备应靠近天线安装。

5.3.5 非别墅小区微基站优先选取设置于楼顶和楼体外墙、覆盖对面建筑，别墅小区微基站覆盖优选在小区内或周边区域设置立杆站，并可采用在小区花园等公共区域安装美化站或美化天线等方式覆盖。

5.4 住宅楼室内覆盖系统

5.4.1 应通过测试评估住宅建筑区域的移动通信信号覆盖水平，结合建筑特征和周边基站部署情况综合确定室内覆盖系统建设的必要性。

5.4.2 对总层数7层及以上的中高层、高层和超高层住宅，住户室内信号覆盖通过室外宏基站和室外微基站设置无法满足的，以及各类住宅区的底层商铺、会所等，应预留分布式无源天馈系统或家庭基站等的安装条件。

5.4.3 住宅楼室内覆盖系统天线在楼层布放宜采用美化方式，并可与楼层灯饰、吊顶等设施相结合。

5.4.4 建筑电梯井内可安装定向天线或敷设漏泄电缆进行覆盖，也可在电梯内安装微基站设备并在电梯井布放随行光缆进行覆盖，电梯维护通道应保证深度不小于400 mm以提供相关通信设施的安装空间；随行光缆宜与电梯视频监控设施合用。

5.4.5 地下车库覆盖对环境开阔性较差的，可采用分布式无源天馈系统方式；开阔性较好的，可采用板状天线方式。信源选择对容量要求较低的，可采用光纤直放站；容量要求较高的，宜采用RRU信源。应沿车道方向在上方预留强、弱电线槽或线架，并与该层强电间和电信间分别沟通。

5.4.6 住宅区室内覆盖系统的信源基带设备、传输设备及其电源配套设备宜安装在住宅区中心机房内，信源拉远设备及其配套设备宜安装在覆盖目标建筑的电信间内。

5.4.7 住宅建筑室内覆盖系统设计应符合现行国家标准《综合布线系统工程设计规范》GB 50311、《智能建筑设计标准》GB 50314、现行行业标准《无线通信室内覆盖系统工程设计规范》YD/T 5120、《移动通信直放站工程技术规范》YD 5115和现行上海市工程建设规范《公众移动通信室内信号覆盖系统设计与验收标准》DG/TJ 08—1105的规定。

6　机房的设计

6.1　住宅区中心机房

6.1.1　住宅区内应设置中心机房，机房平面形状宜为矩形，最小净宽度不宜小于 4.1 m，其使用面积应满足不少于 3 家电信业务经营者的接入需求，并应符合表 6.1.1 的规定。单栋建筑住宅小区不独立设置中心机房。

表 6.1.1　中心机房使用面积

住宅区终期规划住户数	中心机房使用面积(m^2)
1 000 户及以下	≥25
1 001 户～2 000 户	≥40
2 001 户～4 000 户	≥60

注：住宅区终期规模在 4 000 户以上的，宜分区域设机房。

6.1.2　中心机房的选址应符合以下要求：

1　中心机房宜设置在住宅区用户中心位置，并应满足通信管线进出方便的要求。中心机房附近或机房内靠近管道入口处宜设置进线室。进线室应靠近外墙，应做好防渗水措施和设置排水设施。

2　中心机房的位置应选择在环境安全、便于维护、便于安装空调及接地装置的地方。

3　中心机房宜设置在建筑物的地面一层。如能满足相关温湿度及通风条件，并且该建筑物有地下二层时，中心机房也可设在地下一层，但应做好防水措施。

4　中心机房应远离高低压变配电室、电机等有强电磁干扰源存在的场所。

5 中心机房不应与水泵房及水池相毗邻，不应设置在卫生间、厨房或其他易积水的房间的正下方。

6.1.3 中心机房的土建及防火应满足下列要求：

1 中心机房净高不应低于 2 600 mm。

2 中心机房地板的等效均布活荷载不应小于 6 kN/m^2。如部分面积的荷载超重，应进行局部加固。

3 中心机房的外门应向外开启，宽度不宜小于 1 200 mm，高度不宜小于 2 100 mm。中心机房的门、窗应设置防盗设施，其配置可按现行上海市地方标准《住宅小区智能安全技术防范系统要求》DB31/T 294。

4 住宅区地下通信管道直接引入中心机房时，应敷设外径为 102 mm 或 114 mm 无缝钢管，其数量要求应符合本标准第 8.0.5 条的规定。当地下通信管道引入点与中心机房不相毗邻时，其间应敷设桥架沟通，桥架规格应符合本标准第 9.1.18 条的规定。

5 中心机房防火系统设计应符合现行国家标准《建筑设计防火规范》GB 50016 和《数据中心设计规范》GB 50174 的相关要求，且不宜设置消防喷淋设施。

6 中心机房的耐火等级不应低于二级，并宜设置火灾自动报警系统。

7 中心机房不宜设置吊顶及铺设活动地板，室内装修材料应满足通信工艺的要求和现行国家标准《建筑内部装修设计防火规范》GB 50222 的相关规定。

8 中心机房所有的线缆孔洞必须采用不燃材料堵严密封，其耐火等级不应低于机房墙体的耐火等级。

6.1.4 中心机房的环境应满足下列要求：

1 温度与相对湿度符合表 6.1.4 的规定，安装有源设备的中心机房应安装空调。

表 6.1.4 中心机房温、湿度要求

中心机房类型	温度(℃)	相对湿度
仅安装无源设备	−5～60	≤85%(+30 ℃)
安装有源设备	10～35	10%～90%

2 中心机房应设置一般照明,其地面水平照度不应低于 150 lx;并应设置地面水平照度不低于 5 lx 的应急照明,供电时间不应少于 30 min。照明灯具宜采用 LED 灯或三基色荧光灯,灯具位置宜布置在机架列间,吸顶安装。

3 中心机房内应清洁、防尘、防静电。防静电设计应符合现行国家标准《数据中心设计规范》GB 50174 的要求。

4 中心机房内电场磁场强度应符合现行行业标准《通信局(站)机房环境条件要求与检测方法》YD/T 1821 中关于电磁场干扰要求的相关规定。

6.1.5 中心机房内的设备安装应满足下列要求:

1 中心机房机架双面操作的机架列间距离不宜小于 1 000 mm,单面操作的机架列间距离不宜小于 1 000 mm;机面距墙不应小于 800 mm;蓄电池组维护间距不应小于 400 mm;单面操作的机架其机背可以靠墙安装;机房主要走道宽度不宜小于 1 000 mm,次要走道宽度不宜小于 800 mm。

2 中心机房宜采用上走线方式布线。

3 中心机房通信线缆与电源线必须分开布放。当中心机房与住宅区其他智能化系统合用机房时,通信线缆应与其他系统的线缆分桥架布放,跳纤应与其他线缆分桥架布放。

4 当机房面积允许时,不同电信业务经营者的设施宜分架安装;当机房面积有限时,不同电信业务经营者的设施可同架分区安装。

5 机架的安装应按 7 度抗震设防进行加固,其加固方式应符合现行国家标准《通信设备安装工程抗震设计标准》GB/T

51369 的有关要求。

6 中心机房内的电源设备、空调等辅助设备应采用共建共享方式建设。

6.1.6 中心机房的电源及接地应满足下列要求：

1 中心机房应引入三相交流电，并应采取雷击电磁脉冲防护措施，防雷要求应符合现行国家标准《通信局(站)防雷与接地工程设计规范》GB 50689 的规定。电源负荷等级不宜低于二级。

2 中心机房应设置配电箱和电能计量表，进线总容量应符合表 6.1.6 的要求，箱内应预留不少于 6 个单相配电断路器；挂墙空间及承重应满足电信业经营者节能减碳分类计量的需求。

表 6.1.6 中心机房用电量配置

住宅区终期规划住户数	用电量配置(kW)
2 000 户及以下	≥25
2 001 户～4 000 户	≥40
4 001 户～6 000 户	≥60

3 中心机房宜采用共用接地方式，并在机房内预留接地端子箱，接地电阻不应大于 1 Ω。

4 中心机房应设置 10 A 单相两极和单相三极组合电源插座。每侧墙面设置的电源插座数量不应少于 1 组。电源插座应嵌墙安装，下口距地坪 0.3m。

6.1.7 中心机房周边应预留至少 4 处全球导航卫星系统天线安装位置。预留位置可以设置在楼顶或空旷地面，要求在水平面 30°以上空间无遮挡。应在预留位置架设一根 0.5 m 长的 Φ50 mm 抱杆。预留位置与中心机房间应预留走线管孔，走线距离不应大于 100 m。

6.2 电信间

6.2.1 中高层、高层和超高层住宅、非别墅类的多层住宅的每个单元应设置电信间，非别墅类的低层、别墅类住宅可不设电信间。电信间使用面积应符合表 6.2.1 的规定。

表 6.2.1 电信间使用面积

住宅分类	电信间使用面积(m^2)
高层、超高层住宅	≥5.0
中高层住宅	≥3.0
非别墅类多层住宅	≥1.0

注：非别墅类的低层、别墅类住宅设电信间时，其使用面积不宜小于 1.0 m^2。

6.2.2 电信间宜设置在住宅建筑的地面一层或地下一层，靠近建筑物引入管一侧并邻近竖井或竖向暗管的位置。单栋建筑住宅小区以电信间承担中心机房功能。

6.2.3 中心机房所在的中高层、高层、超高层住宅单元可不设电信间，但中心机房应与该住宅内的通信管网相连通，并且该中心机房的使用面积宜适当增大。

6.2.4 电信间应与住宅区地下通信管道及住宅建筑内通信管网相沟通，其沟通管道或桥架的数量及技术要求应符合本标准第 8.0.7、9.2.3 及 9.3.2 条的规定。

6.2.5 电信间的门应朝外开启，宽度不应小于 900 mm，高度宜为 2 000 mm。

6.2.6 电信间的电源及接地应满足以下要求：

1 电信间应引入三相交流电源，并应采取防雷击电磁脉冲措施，防雷要求应符合现行国家标准《通信局(站)防雷与接地工程设计规范》GB 50689 的要求。

2 电信间应引入 220 V 电源并设置配电箱，进线总容量应符合表 6.2.6 的要求，箱内应预留不少于 6 路的 10 A 分开关。

表 6.2.6 电信间用电量配置及插座配置

住宅分类	用电量配置 (kW)	组合电源插座组 (组)
(超)高层住宅(地下建筑>1 层)	≥3	2
(超)高层住宅(地下建筑为 1 层)、中高层住宅	≥2	2
非别墅类多层住宅(带公共地下建筑)	≥1	1

注：非别墅类的低层、别墅类住宅设电信间时，其用电量配置可按多层住宅执行。

3 电信间应预留接地端子箱或接地端子，接地电阻不应大于 10 Ω。

4 电信间应设置单相两极和单相三极组合电源插座，插座数量应符合表 6.2.6 的规定。电源插座应嵌墙安装，下口距地坪 0.3 m。

6.2.7 电信间应设置一般照明，其地面水平照度不应低于 150 lx，灯具宜吸顶安装。

6.2.8 中高层、高层、超高层住宅的电信间应采用桥架与弱电竖井进行连通，其相关规格、数量应符合本标准第 9.2.3 条的规定。

6.3 宏基站机房

6.3.1 宏基站站址设置应依据城乡规划中的宏基站站址规划。机房应靠近天线安装场地，建于建筑屋面时宜与电梯机房、楼梯间、设备间等相邻；当屋面无上述附属用房时，宜建于电信间(井)上方；当上述条件难以满足时，机房可设在顶层并与电信间(井)相邻；机房应配置空调，并应在机房外侧预留空调室外机安装维护空间。

6.3.2 宏基站机房面积应满足现有移动通信业务经营者基站设

备安装需求，应满足表6.3.2的要求。

表6.3.2 宏基站机房设计要求

名 称	要 求
机房净高	≥2.8 m
机房面积	≥20 m^2
机房形状	矩形，窄边≥3 m

6.3.3 宏基站机房土建及防火要求应符合下列规定：

1 机房地坪等效均布活荷载不应小于6 kN/m^2。

2 机房耐火等级不应低于二级，宜设置火灾自动报警系统或远程监控。

3 机房的门、窗应具有阻燃、隔热、防漏水功能，机房门宜向外开启。

4 机房内不应设置吊顶和铺设活动地板；室内外装修应满足二级耐火等级要求，选用耐久、阻燃、不起尘的材料；不得使用木地板、木护墙、可燃窗帘及塑料墙纸等材料。

5 进出机房的所有孔洞应采用非燃烧材料进行封堵，其耐火等级不应低于机房墙体的耐火等级。防火封堵应符合现行国家标准《建筑防火封堵应用技术标准》GB/T 51410和现行行业标准《通信建设工程安全生产操作规范》YD 5201的有关规定。

6.3.4 宏基站机房电源及接地要求应符合下列规定：

1 机房引入电源应采用三相交流电，机房用电容量配置应按远期负荷考虑，多系统共用机房在移动通信系统典型配置下的配电容量应符合表6.3.4的规定，其他配置时应另行核算；集群系统独立设置的，应按每套系统2 kW配置。

表 6.3.4　宏基站机房典型配置下的配电容量

<table>
<tr><th colspan="4">系统配置数量</th><th rowspan="2">机房配电容量
（kW）</th></tr>
<tr><th>2G～4G 系统</th><th>5G 系统</th><th>集群系统</th><th>传输接入系统</th></tr>
<tr><td rowspan="3">6</td><td>3</td><td rowspan="3">1</td><td rowspan="3">3</td><td>40</td></tr>
<tr><td>4</td><td>45</td></tr>
<tr><td>5</td><td>50</td></tr>
</table>

注:5G 系统数量按同一连续频带上、每 3 个 AAU 与相关基带设备计为一套。

2　机房工作接地、保护接地和建筑防雷接地应采用共用接地方式，并应符合现行国家标准《通信局（站）防雷与接地工程设计规范》GB 50689 的规定。基站地网的接地电阻值不应大于 10 Ω。

6.3.5　安装天线的屋顶应预留室外设备与室内设备间布放光缆、电缆及安装走线架（槽）的路由。

7　室外光缆交接箱的设置

7.0.1　对于低层、别墅类等无公共部位的建筑，宜在隐蔽、安全、不易受到外力损伤、便于施工维护的地点设置室外光缆交接箱，并应与周围环境相协调。

7.0.2　室外光缆交接箱应与住宅区内地下通信管道相沟通，管道数量及技术要求应符合本标准第 8.0.5 条的规定。

7.0.3　室外光缆交接箱应能适应室外环境，具有防尘、防水、防结露、防冲击及防盗功能。箱体的防护性能应达到 IP55 级的要求。其他要求应符合现行行业标准《通信光缆交接箱》YD/T 988 的规定。

8 住宅区地下通信管道的设计

8.0.1 住宅区地下通信管道的路由宜选在人行道或车道下，但手孔不宜设在车道下。通信管道的路由和管位宜与电力、燃气管安排在道路的不同路侧。建筑物引入管的位置及方位应根据住宅区总体通信管道规划确定。

8.0.2 住宅区地下通信管道宜有两个方向与公共通信管网相连接。

8.0.3 住宅区地下通信管道与其他管线及建筑物的最小净距应符合现行国家标准《住宅区和住宅建筑内光纤到户通信设施工程设计规范》GB 50846 的规定，详见表 8.0.3。

表 8.0.3 管线及建筑物间的最小净距(m)

其他地下管线及建筑物名称		平行净距[注1]	交叉净距[注2]
给水管	300 mm 以下	0.5	0.15
	300 mm～500 mm	1.0	
	500 mm 以上	1.5	
污水、排水管		1.0[注3]	0.15[注4]
热力管		1.0	0.25
燃气管	压力≤300 kPa(压力≤3 kg/cm^2)	1.0	0.3[注5]
	300 kPa＜压力≤800 kPa (3 kg/cm^2＜压力≤8 kg/cm^2)	2.0	
电力电缆	35 kV 以下	0.5	0.5[注6]
	35 kV 及以上	2.0	
通信电缆、通信管道		0.50	0.25

续表8.0.3

其他地下管线及建筑物名称		平行净距注1	交叉净距注2
通信电杆、照明杆		0.50	—
绿化	乔木	1.5	—
	灌木	1.0	
地上杆柱		0.5	
住宅区道路边石边缘		0.5	
房屋建筑红线(或基础)		1.0	

注:1 平行净距系指管外壁间距。
2 交叉净距系指下面管道的管顶与上面管道的管底间距;如管道有基础或包封,则是距离基础或包封层的顶或基础底的间距。
3 主干排水管后敷设时,其施工沟边与管道间的水平净距不宜小于 1.5 m。
4 当管道在排水管下部穿越时,净距不宜小于 0.4 m。
5 在交越处 2 m 范围内,煤气管不应做接合装置和附属设备。
6 如电力电缆加保护管时,净距可减至 0.15 m。

8.0.4 住宅区内地下通信管道管顶至地面的埋深宜为 0.7 m~1.0 m,管道顶至地面最小埋深宜符合表 8.0.4 的要求。

表 8.0.4 管道顶至路面的最小埋深(m)

类别	绿化带	人行道	车行道
塑料管	0.5	0.7	0.8
无缝钢管	0.3	0.5	0.6

注:塑料管的最小埋深达不到表中要求时,应采用混凝土包封或钢管等保护措施。

8.0.5 住宅区地下通信管道可采用塑料管[包括聚乙烯实壁管(含硅芯管)、聚氯乙烯双壁波纹管、高强度聚氯乙烯管(MPVC-T)、聚氯乙烯多孔管等]和无缝钢管,在穿越车行道段应采用无缝钢管。管道的容量应按远期通信光缆的条数及备用管孔数确定。管道的容量及备用管孔数、管材、管径可按表 8.0.5 选用。

表 8.0.5 住宅区通信管道的容量、管材、管径

段落	管道容量(孔)		管材	管外径(mm)	备注
	总孔数	其中备用			
公用电信网管道～住宅区管道	4	1	塑料管	110	常用聚氯乙烯双壁波纹管
			无缝钢管	102	
	12	3	塑料管	40	内径 33 mm 硅芯管
住宅区管道～中心机房	6～12	2～3	无缝钢管	102 或 114	
住宅区主干管道	4～9	2	塑料管	110	常用聚氯乙烯双壁波纹管
			无缝钢管	102	
住宅区支线管道	2～3	1	塑料管	110	常用聚氯乙烯双壁波纹管
			无缝钢管	89	

注:1 本表中所表示的管孔数是指管外径为 89 mm～114 mm 的圆形管孔;当采用多孔塑料管时,应另行计算。

2 外径 89 mm～114 mm 无缝钢管管壁厚度宜选 4 mm,常用聚氯乙烯双壁波纹管的外/内径为 110 mm/100 mm。

8.0.6 住宅区通信管道至室外光缆交接箱的引上管宜采用外径 89 mm(壁厚 3.5 mm 或 4 mm)的无缝钢管,孔数宜为 3 孔～5 孔;至小区通信综合杆的引上管宜采用外径 89 mm 的无缝钢管,孔数宜为 2 孔～3 孔。

8.0.7 住宅区通信管道至建筑物之间的建筑物引入管应采用无缝钢管。建筑物引入管的数量、管径、管壁厚度宜按表 8.0.7 确定。

表 8.0.7　建筑物引入管的数量、管径、管壁厚度

建筑物类型	管孔数（孔）	无缝钢管外径（mm）	管壁厚度（mm）
多层住宅建筑	2	50，63.5	3.5
		76	4
中高层、30 层或以下高层住宅建筑	3～4	89	4
30 层以上（超）高层住宅建筑	4～6	102	4.5
别墅住宅建筑	1	32	3

8.0.8　建筑物土建施工时应预埋引入管道，预埋长度宜伸出外墙 2 m，预埋管应以 1 ‰～2 ‰的斜率朝下向室外倾斜。

8.0.9　人（手）孔墙体宜采用混凝土预制块，并应用 1∶3 水泥砂浆砌预制转墙体，人孔抹面用 1∶2 水泥砂浆。人（手）孔基础应采用 C20 级混凝土。人（手）孔上覆应采用 C20 级混凝土预制板。人（手）孔规格选用应符合表 8.0.9 的规定。

表 8.0.9　人（手）孔规格选用（mm）

管道管孔数（孔）	人（手）孔内净尺寸 长×宽×高	备注
1,2	600×600×800	手孔（不设光缆接头，仅作建筑物引入管接口用）
3～6	1 500×900×1 200	手孔
6～9	1 800×1 200×1 800	人孔
9～12	2 000×1 400×1 800	人孔
＞12	2 400×1 500×1 850	人孔

注：住宅区与公用电信网管道相连通的人孔及中心机房前的人孔规格可选大一号。

8.0.10　住宅区通信管道人（手）孔间距不宜超过 150 m，同一段管道不得有 S 弯。塑料弯管道的曲率半径不宜小于 20 m。

8.0.11　人（手）孔位置的选择应符合下列规定：

1　在管道拐弯处、管道分支点、设有光缆交接箱、通信综合

杆处、交叉路口、道路坡度较大的转折处、建筑物引入处、采用特殊方式过路的两端等场合，宜设置人(手)孔。

2 人(手)孔位置应与燃气管、热力管、电力电缆管、排水管等地下管线的检查井相互错开，其他地下管线不得在人(手)孔内穿过。

3 人(手)孔位置不应设置在建筑物的主要出入口、货物堆积、低洼积水等处。

4 与公共通信管网相通的人(手)孔位置应便于与电信业务经营者或通信基础设施服务提供商的管道衔接。

9 住宅建筑内通信管网的设计

9.1 一般规定

9.1.1 住宅建筑内通信管网系统的容量应能满足远期通信需求。

9.1.2 竖井、竖向暗管、桥架、楼层挂壁(或壁嵌)式配线箱、住户共用的过路箱(盒)等应设置在建筑物内公共部位;各类配线箱及过路箱(盒)等不应设置在楼梯踏步的上方。

9.1.3 当采用二级分光方式时,楼层配线箱内应能提供不少于3家电信业务经营者的分路器安装位置。

9.1.4 楼层挂壁式或壁嵌式配线箱的安装高度应为箱体底边距本层地坪1.3 m。楼层配线箱内部布局见附录A。

9.1.5 楼内竖向暗管应采用厚壁钢管。楼内水平暗管在首层及地下层应采用厚壁钢管,在其他楼层宜采用阻燃硬质聚氯乙烯管或薄壁钢管;当有强电干扰影响时应采用钢管,并应有接地措施。

9.1.6 每套住宅内应设置住户信息配线箱,箱内应单独引入一路交流电源线,电压为220 V,用电负荷宜按不小于50 W配置。

9.1.7 建筑内楼层配线箱至住户信息配线箱的水平通信暗管应为1孔,其公称口径为25 mm,并宜按户分路配置;住户信息配线箱至起居室有线电视插座旁的光纤信息插座之间的水平暗管宜为2孔,至其他光纤信息插座之间的水平暗管宜为1孔,公称口径均为20 mm。

9.1.8 住户信息配线箱箱体容量应能满足远期需求,还应为其他智能化设施预留安装空间。底盒高、宽、深尺寸不应小于500 mm×350 mm×120 mm，箱体材料宜采用非金属复合材料，门上应留有散热孔。箱内应配置单相带保护接地的220 V/10 A两极和三极组合电源插座4个。住户信息配线箱内部布局见本标准附录B。

9.1.9 住户信息配线箱宜低位安装，但箱体底边距地坪不应小于0.3 m。

9.1.10 建筑物内暗管不宜穿越建筑物的变形缝，若必须穿越时应采取补偿措施。

9.1.11 楼内暗管弯曲敷设时，每一段内弯曲不得超过2次，且不得有S弯。当楼内暗管的直线段长超过30 m或段长超过15 m并且有2个以上的90°弯角时，应设置过路盒。

9.1.12 暗管的弯曲半径应大于管外径的10倍，当暗管外径小于25 mm时，其弯曲半径应大于该管外径的6倍。暗管的弯曲角度不得小于90°。

9.1.13 楼内竖向暗管及水平暗管可在一个管孔内同时一次敷设多条线缆。户内水平暗管宜按一管一缆敷设住户内光缆。一管多缆时其管截面利用率不应大于30%。

9.1.14 楼内通信光缆不应与燃气管、热力管、电力线合用同一竖井。通信光缆应敷设在通信专用桥架内，不应与其他线缆混合敷设。

9.1.15 楼层挂壁式或壁嵌式配线箱及过路箱应有防潮、防尘功能及锁定装置，箱体的防护性能应达到IP53级的要求。

9.1.16 引入楼层配线箱的竖向暗管应安排在箱内一侧，水平暗管可安排在箱内的中间部位。

9.1.17 中心机房与本住宅单元的电信间之间、中心机房与本住宅单元的竖井之间以及电信间与竖井之间、移动通信安装维护配套设施及楼顶天线预留位置与竖井之间、电梯井道的上下两端与竖井之间应用桥架或暗管相连通。

9.1.18 竖井、竖向暗管、桥架在穿过每层楼板处应采用不低于楼板耐火极限的不燃材料或防火封堵材料封堵；水平桥架穿过防火墙体处应采取防火封堵措施。

9.1.19 在容易积灰尘的环境中应采用带有盖板的桥架，在有强电干扰影响的环境中应采用带有盖板的金属桥架。当采用桥架时，水平桥架底部宜距地坪 2.2 m 以上，顶部距楼板不宜小于 300 mm。桥架在过梁或其他障碍物处的间距不宜小于 100 mm。桥架规格应按照远期布放的光、电缆数量确定，并应满足远期线缆填充率不大于 60%。

9.2 中高层、高层、超高层住宅建筑内通信管网

9.2.1 中高层、高层、超高层住宅建筑内通信管网应采用竖井上升形式。

9.2.2 竖井的内净宽度不应小于 900 mm，内净深度不宜小于 400 mm。竖井操作门的宽度不应小于 800 mm，高度宜为 2 000 mm。操作门应向公共部位开启。

9.2.3 竖井内应设桥架，竖井内垂直段应采用梯级式、托盘式或加有横档槽式桥架，管线穿越楼板可开设楼板预留孔。竖井内的桥架、楼板预留孔的最小尺寸宜按表 9.2.3-1 及表 9.2.3-2 确定。

表 9.2.3-1 (超)高层住宅竖井内桥架、楼板孔洞尺寸(mm)

总层数	楼层(层)	桥架尺寸 (宽×高)	楼板孔洞尺寸 (宽×深)
18	地下室及 1～18	200×100	300×200
24	地下室及 1～24	200×100	300×200

续表9.2.3-1

总层数	楼层(层)	桥架尺寸(宽×高)	楼板孔洞尺寸(宽×深)
30	地下室及1～24	300×150	400×250
	24～30	200×100	300×200
30以上	地下室及1～24	400×200	500×300
	24～30	300×150	400×250
	30及以上	200×100	300×200

注:电信间至竖井之间的桥架尺寸不应小于竖向桥架的最大尺寸。

表9.2.3-2 中高层住宅竖井内桥架、楼板孔洞尺寸(mm)

楼层(层)	桥架尺寸(宽×高)	楼板孔洞尺寸(宽×深)
地下室及1～5	150×75	250×150
5～9	100×50	200×120

注:电信间至竖井之间的桥架尺寸不应小于竖向桥架的最大尺寸。

9.2.4 高层、超高层住宅挂壁式配线箱高、宽、深的尺寸不应小于600 mm×450 mm×150 mm。

9.2.5 中高层住宅建筑挂壁式配线箱高、宽、深的尺寸不应小于500 mm×380 mm×150 mm。

9.3 多层、低层住宅建筑内通信管网

9.3.1 多层、低层住宅建筑内通信管网宜采用竖井上升形式，也可采用暗管上升形式。当采用竖井上升形式时，应设置楼层挂壁式配线箱；当采用暗管上升形式时，应设置楼层壁嵌式配线箱。

9.3.2 多层、低层住宅建筑竖井内的桥架、楼板预留孔的配置宜按表9.3.2确定。

表 9.3.2 多层、低层住宅竖井内桥架、楼板孔洞尺寸(mm)

楼层(层)	桥架尺寸 (宽×高)	楼板孔洞尺寸 (宽×深)
地下室及 1～6	150×75	250×150

9.3.3 多层、低层住宅建筑内挂壁式、壁嵌式配线箱的最小尺寸应符合表 9.3.3 的规定。

表 9.3.3 多层、低层住宅楼层配线箱最小尺寸 (mm)

配线箱种类	箱内净最小尺寸			适用场合
	高	宽	深	
楼层配线箱	500	380	150	用于安装光分路器和光纤适配器，所辖住户不超过 12 户，宜设在 2 层至 5 层
楼层配线箱	380	250	130	其余楼层，用于光缆过路

9.3.4 多层、低层住宅建筑内的竖向通信暗管配置应符合表 9.3.4 的规定。

表 9.3.4 多层、低层住宅楼内竖向通信暗管配置

竖向暗管段落	管径 (mm)	管孔数 (孔)	备注
(地下室及 1 层～2 层)上下楼层配线箱之间	公称口径:50	2	厚壁钢管，壁厚 3 mm
(2 层～6 层)上下楼层配线箱之间	公称口径:50	1	厚壁钢管，壁厚 3 mm

9.3.5 独栋别墅住宅建筑采用暗管上升形式时，其通信管网配置应符合表 9.3.5 的规定。

表 9.3.5 独栋别墅住宅楼内通信暗管配置

暗管名称	段落	管径 (mm)	管孔数 (孔)	备注
建筑物引入管	住宅区通信管道～住户信息配线箱	外径:32	1	无缝钢管，壁厚 3 mm

续表9.3.5

暗管名称	段落	管径（mm）	管孔数（孔）	备注
竖向暗管	住户信息配线箱（过路盒）～过路盒	公称口径：20或32	1	阻燃硬质聚氯乙烯管或钢管
水平暗管	住户信息配线箱（过路盒）～信息插座	公称口径：15或20	1	阻燃硬质聚氯乙烯管或钢管

9.4 住户内信息插座的配置

9.4.1 卧室、起居室、书房等房间应设置电话、光纤信息插座，卫生间宜设置电话信息插座。在有线电视插座旁应设置一个光纤信息插座。光纤信息插座旁应配置单相两极和单相三极组合电源插座。

9.4.2 光纤信息插座配置应符合下列规定：

1 光纤信息插座面板宜采用空面板，且光缆纤芯在信息插座底盒内不做端接。

2 光纤信息插座底盒应采用适合标准86系列面板安装的底盒，底盒深度不应小于60 mm。

9.4.3 电话信息插座宜采用RJ11模块。

9.4.4 信息插座应嵌墙安装。信息插座的底盒安装高度应为卫生间下口距地坪0.7 m～1.0 m，其余部位下口距地坪0.3 m。当采用光电混合缆布线时，光纤信息插座的底盒下口距地坪1.2 m～1.4 m。

10　住宅区内光缆线路的设计

10.0.1　住宅区内光缆网的网络拓扑宜采用树形结构。

10.0.2　住宅区内超高层、高层、中高层及多层建筑区域的光缆宜采用直接配线方式，低层、别墅区域的光缆宜采用交接配线方式。住宅区光缆宜采用波长段扩展的非色散位移单模光纤，入户光缆应采用弯曲损耗不敏感单模光纤。在同一个住宅区内各个段落所采用的光纤模式及类型应相匹配或一致。

10.0.3　进入单元的光缆中光纤数量应为以下2项之和：

1　当楼层配线箱内设置分路器时，进入该单元的光纤数量应按不小于6芯/配线箱进行配置；当楼层配线箱内不设置分路器时，其上联光纤数量宜根据该箱所辖的用户数按1芯/户进行配置。

2　用于移动通信覆盖的光纤数量应满足表10.0.3的要求，光纤预留在电信间。

表10.0.3　每单元移动通信覆盖光纤数量配置(芯)

住宅分类	光纤数量
超高层、高层、中高层住宅	$6\times(n+1)$
多层住宅	6

注：n 为该单元移动通信安装维护配套设施的数量。

10.0.4　入户光缆容量宜按每户1芯配置，别墅类住宅可按每户2芯配置。

10.0.5　入户光缆宜敷设至住户起居室有线电视插座旁的光纤信息插座，且不做端接，入户光缆在途经的住户信息配线箱内应预留1 m的施工长度。

10.0.6 住宅区室外光缆宜选用油膏填充松套层绞式或中心管式结构，地下管道光缆的外护层应选用铝-聚乙烯粘接护套。

10.0.7 住宅区室外光缆敷设安装的最小曲率半径应符合下列要求：

1 敷设过程中不应小于光缆外径的20倍。

2 安装固定后不应小于光缆外径的10倍。

10.0.8 入户光缆敷设安装的最小曲率半径应符合所选引入光缆相应的技术要求。

10.0.9 光纤的接续以及光缆与尾纤的成端接续应采用熔接法，每个接续点的熔接损耗值应符合表10.0.9的要求。

表10.0.9 单模光纤熔接损耗要求（dB）

单纤		光纤带	
双向平均值	单向最大值	双向平均值	单向最大值
≤0.08	≤0.10	≤0.20	≤0.25

10.0.10 光纤链路损耗应采用最坏值法，按公式（10.0.10）计算：

$$\text{光纤链路损耗}=\sum_{i=1}^{n}L_i\times A_\text{f}+X\times A_\text{熔}+Y\times A_\text{c}+Z\times A_\text{机械}+\sum_{i=1}^{m}l_\text{分}+M\text{c} \qquad (10.0.10)$$

式中：$\sum_{i=1}^{n}L_i$——光链路中各段光纤长度的总和（km）；

A_f——光缆中光纤的衰减系数（dB/km）；

X——光纤链路中光纤熔接接头数（含尾纤熔接接头数）（个）；

$A_\text{熔}$——光纤熔接接头双向平均衰耗指标（dB/个）；

Y——光链路中活动接头数量（个）；

A_c——活动连接器的衰耗指标（dB/个）；

Z——光纤链路中现场组装式光纤活动连接器的数量(个)；

$A_{机械}$——现场组装式光纤活动连接器插入衰耗指标(dB/个)；

$\sum_{i=1}^{m} l_{分}$——光链路中 m 个光分路器插入损耗的总和(dB)；

Mc——光缆维护余量(dB)。

光纤链路损耗值应符合所采用的光接入设备对传输指标的要求。

10.0.11 住宅区在一个管孔内敷设多条管道光缆，当管孔内径大于光缆外径3倍及以上时，可在原管孔内敷设1根或多根子管，子管的总等效外径不应超过原管孔内径的85%，光缆的外径不宜大于子管内径的90%。光缆的子管宜采用外径/内径为32 mm/28 mm的聚乙烯(PE)管。一个管孔内可一次敷足子管。子管在人(手)孔间的管道内不应有接头。子管在人(手)孔内伸出长度宜至第一根电缆搁架后150 mm。本期工程不用的子管管口应堵塞。

10.0.12 管道光缆在每个人(手)孔中弯曲的预留长度宜为1.0 m。光缆接头处每侧的预留长度宜为5 m～8 m。

10.0.13 光缆及其接头应安置在人(手)孔壁一侧的电缆托板上，并应设置光缆标志牌。

10.0.14 穿越楼板预留孔敷设光缆后，预留孔应采用耐火极限不低于1.5 h的不燃材料封堵，超高层预留孔应采用耐火极限不低于2.0 h的不燃材料封堵。

10.0.15 住宅区内各段光缆在敷设后应作端接。光缆为端接所预留的长度宜为：中心机房内3 m～5 m；电信间或楼层箱内1 m。

11 住宅建筑内通信线缆的设计

11.1 住宅建筑内馈线

11.1.1 宏基站或室内分布系统的馈线应沿通信桥架或竖井布放，路由设计应避免重复；没有通信桥架时，应对馈线进行良好固定。

11.1.2 室外布放的馈线应在楼顶、外墙及建筑入口处就近接地，室外通信桥架始末两端均应接地，接地连接线应采用截面积不小于 10 mm^2 的多股铜线。

11.2 住户内通信线缆

11.2.1 住户内布线系统宜采用星型网络结构。

11.2.2 住户内采用光纤布线系统时应符合下列规定：

1 住户内应以住户信息配线箱为中心向各房间的光纤信息插座敷设光缆；对于跃层式住宅或别墅，可采用分层汇聚方式。

2 住户信息配线箱至光纤信息插座之间的住户内光缆宜为室内蝶形引入光缆，光缆容量宜为 1 芯。当采用面板式 AP 组网时，光纤布线系统应采用光电混合缆。

3 住宅户内光缆应盘留在住户信息配线箱及信息插座底盒内不做端接。

11.2.3 住户内光缆应采用 B6.a2 或 B6.b3 光纤。

11.2.4 住户信息配线箱至电话信息插座之间的线缆宜为室内电话线。

11.2.5 住户内通信线缆应根据信息插座的位置布放到位。

11.2.6 住户内线缆预留的长度应符合下列规定：

1 住户内光缆在住户信息配线箱及光纤信息插座底盒内预留的长度宜为0.5 m。

2 室内电话线在住户信息配线箱内的端接处预留长度不应大于0.5 m，在电话信息插座底盒内端接处预留长度宜为60 mm。

11.2.7 室内电话线芯线线径应采用0.5 mm或0.6 mm，不应采用多股线，其各项指标应符合现行行业标准《电话网用户铜芯室内线》YD/T 840的相关规定。

12 器材检验

12.1 一般规定

12.1.1 工程中所用器材的型号、规格、数量和质量在施工前应由施工单位会同监理单位或建设单位进行现场检验，无出厂检验合格证的器材不应在工程中使用。

12.1.2 经检验的器材应做好记录，对不合格的器材应单独存放，以备核查与处理。

12.1.3 工程中使用的线缆、器材应与设计文件规定的规格、型号及等级相符。

12.2 水泥及水泥制品检验

12.2.1 各种标号的水泥应符合国家所规定的产品质量标准，工程中不应使用过期或受潮变质和无产品出厂证明或无标号的水泥。

12.2.2 水泥预制品的规格尺寸和制作质量应逐个检验。不同规格的水泥预制品不得混合堆放。

12.2.3 水泥预制品在投入使用前应检查其标准养护期，不足28 d养护期的水泥制品不应投入使用。

12.2.4 水泥预制品表面应完整，人孔上覆缺角应小于200 mm；底(盖)板裂缝长度应小于50 mm，边角缺损应小于20 mm，两端应有2根Φ12 mm伸出长度为100 mm的钢筋。

12.2.5 石子应采用天然砾石或人工碎石，不应使用风化石。石料中不应有树叶、草根、木屑等杂物。含泥量按重量计不应超过

2%;在投入使用前应用水冲洗。

12.2.6 通信管道工程中宜用天然中粗砂,砂中不应含有树叶、草根、木屑、泥土等杂物。井砖应完整,不应使用断砖。

12.3 钢材、管材及铁件检验

12.3.1 钢材的材质、规格、型号应符合设计文件规定。不应使用锈片剥落或严重锈蚀的钢材。

12.3.2 管材的内径负偏差不应大于1 mm,管材内壁应光滑,无节疤,无裂缝,管身及管口不应变形,接续配件应齐全有效,套管承口口径应与管材外径吻合。

12.3.3 各种铁件的材质、规格及防锈处理等应符合相关质量标准,不应歪斜、扭曲、有飞刺、断裂或破损。铁件的防锈处理和涂层应均匀完整、表面光洁,不应有脱落、气泡等缺陷。

12.3.4 人(手)孔盖框应符合下列规定:

1 人(手)孔盖框装置应采用球墨铸铁或其他复合材料,球墨铸铁的抗拉强度应大于350 MPa,密度应大于7.1 kg/dm^3。复合材料的抗拉强度应大于117.68 MPa。铸件表面应完整,无飞刺、砂眼等缺陷。

2 人(手)孔盖与口圈的内缘间隙应小于3 mm;人(手)孔盖与口圈盖合后,人(手)孔盖边缘应高于口圈1 mm~3 mm。

3 人(手)孔盖与口圈应吻合,盖合后盖体应平稳、不翘动、不移位。

4 人(手)孔盖外表面应防滑且有显著的用途标识。

12.4 塑料管及配件检验

12.4.1 通信管道工程所适用的塑料管材有聚乙烯实壁管(含硅芯管)、聚氯乙烯管双壁波纹管、高强度聚氯乙烯管(MPVC-T)、聚氯乙烯多孔管等。各种管材的型号及尺寸应符合设计要求。

12.4.2 各类塑料管材性能应符合现行国家标准《通信管道工程施工及验收规范》GB 50374 中对塑料管材的要求。

12.4.3 塑料管材的管身和管口不得变形,管孔内外壁均应光滑,色泽应均匀,不得有气泡、凹陷、凸起及杂塑质,两切口应平整、无裂口毛刺,并与中心线垂直,管材弯曲度不应大于 0.5%(多孔管)。塑料管外径与接头套管内径、承插管的承口内径与插口外径应吻合。

12.4.4 通信塑料管道工程的接续配件应齐全有效,视不同的管型分别按下述内容进行检验:

1 承插式接头用密封胶圈应完好,规格应符合设计要求。

2 套管式接头套管应完好,规格应符合设计要求。

3 中性胶合黏剂规格、黏度及有效期应合格。

4 塑料管组群用支架、勒带应符合设计要求。

12.5 线缆及器件检验

12.5.1 工程中使用光缆、馈线、室内电话线的型号及规格应符合设计要求。

12.5.2 光缆、馈线应附标志、标签,内容应齐全、清晰。

12.5.3 光缆、馈线应附有出厂质量检验报告、合格证等。

12.5.4 光缆开盘后应先检查光缆外表有无损伤,端头封装应完好。对每盘光缆进行盘测,将实测数据与出厂的检验报告进行核对。所有测试的数据应保存归档。

12.5.5 跳纤及尾纤检验应符合下列规定:

1 跳纤及尾纤的数量、规格及型号应符合设计要求。

2 跳纤及尾纤的活动连接器端面应配有合适的防尘帽保护。

3 每根跳纤及尾纤中的光纤类型应有明显标记,并附有出厂检验测试技术数据。

12.5.6 接插件的检验应符合下列规定：

1 光纤活动连接器、光纤机械接续器、信息插座、馈线接头及其他接插件的部件应完整，材质应满足设计要求。

2 光纤活动连接器、光纤机械接续器的插入衰耗及其他各项技术指标应符合本标准第12.5.8条规定。

3 光纤插座、插头等连接器的型号、规格、数量、安装位置应与设计相符。

12.5.7 接入网常用光纤光缆主要技术指标应符合下列规定：

1 光纤的型号、规格应符合设计要求。

2 光缆结构应符合设计要求。室外光缆的允许拉伸力和压扁力应符合表12.5.7-1的要求，蝶形引入光缆允许拉伸力和压扁力应符合表12.5.7-2的要求。

表12.5.7-1 室外光缆的允许拉伸力和压扁力

允许拉伸力（最小值）		允许压扁力（最小值）		
F_{ST}/G	F_{ST} (N)	F_{LT} (N)	F_{SC} (N/100 mm)	F_{LC} (N/100 mm)
0.8	1.500	600	1 000	300

表12.5.7-2 蝶形引入光缆允许拉伸力和压扁力

敷设方式	允许拉伸力（最小值）		允许压扁力（最小值）		适用光缆型号示例
	F_{ST}(N)	F_{LT}(N)	F_{SC}(N)	F_{LC}(N)	
室内引入（Ⅰ）	80	40	1 000	500	GJXFV、GJXFH、GJXFDV、GJXFDH
室内引入（Ⅱ）	120	60	2 200	1 000	GJXV、GJXH
室内引入（Ⅲ）	200	100	2 200	1 000	GJXV、GJXH、GJXDV、GJXDH

续表12.5.7-2

敷设方式	允许拉伸力(最小值)		允许压扁力(最小值)		适用光缆型号示例
	F_{ST}(N)	F_{LT}(N)	F_{SC}(N)	F_{LC}(N)	
室外管道	600	300	2 200	1 000	GJYXH03、GJYXDH03、GJYXFH03、GJYXFDH03、GJYXHA、GJYXDHA、GJYXFHA、GJYXFDHA

注:1 敷设方式一栏中的(Ⅰ)、(Ⅱ)、(Ⅲ)用于区分允许力的不同,同一结构型式的光缆可有不同的拉伸力要求。

2 F_{ST} 为短期允许拉伸力;F_{LT} 为长期允许拉伸力;F_{SC} 为短期允许压扁力;F_{LC} 为长期允许压扁力。

12.5.8 小区光缆网中光纤接插件可采用SC、FC或LC型光纤活动连接器,具体应符合设计的要求。光纤活动连接器主要技术指标如下:

1 两个光纤活动连接器通过任意适配器连接的插入损耗≤0.5 dB。

2 两个光纤活动连接器通过任意适配器连接的回波损耗:

1) SC/PC>35 dB, SC/APC>58 dB;

2) FC/PC>35 dB, FC/APC>58 dB;

3) LC/PC>35 dB, LC/APC>58 dB。

12.5.9 住户内所采用的光电混合缆的技术指标应按现行行业标准《通信用引入光缆　第4部分:光电混合缆》YD/T 1997.4执行。

12.5.10 常用馈线主要技术指标可按现行行业标准《通信电缆　无线通信用50 Ω泡沫聚烯烃绝缘皱纹铜管外导体射频同轴电缆》YD/T 1092执行。

12.5.11 馈线接头的技术指标应符合现行行业标准《通信设备用射频连接器技术要求及检测方法》YD/T 640的要求。

12.5.12 漏泄电缆的技术指标应符合现行行业标准《无线通信室内信号分布系统　第2部分:电缆(含漏泄电缆)技术要求和测试方法》YD/T 2740.2的要求。

12.5.13 移动通信用光电混合缆的技术指标应符合现行行业标准《接入网用光电混合缆》YD/T 2159 的要求。

12.5.14 室内分布系统无源器件的技术指标应符合现行行业标准《无线通信室内信号分布系统 第 5 部分:无源器件技术要求和测试方法》YD/T 2740.5 的要求。

12.6 室内外光纤分配设备检验

12.6.1 室内外光纤分配设备应按下列规定进行检验:

1 工程中使用的室内外光纤分配设备的型号、规格应符合设计要求。

2 设备内的配件、附件应齐全。

3 设备的形状应完整,各塑料配件应无毛刺、气泡、翘曲、龟裂、空洞、杂质等缺陷。

4 金属构件表面涂锌层应光洁、色泽均匀,不应存在起皮、流挂、锈蚀、气泡和发白等缺陷。

5 经涂覆处理的箱体和金属结构件,其涂层与基体应具有良好的附着力,箱体及构件表面应平整光滑、颜色均匀,不应存在掉漆、流挂、色差及划痕露底等现象。

6 机械强度:

1) 室外光缆交接箱:箱体顶端表面应能承受不小于 1 000 N 的垂直压力,箱门打开后,在门的最外端应承受的垂直压力不小于 200 N,卸去载荷后,箱体无破坏痕迹和永久变形;

2) 楼层配线箱:箱体顶端表面应能承受不小于 500 N 的垂直压力,箱门打开后,在门的最外端应承受的垂直压力不小于 100 N,卸去载荷后,箱体无破坏痕迹和永久变形。

7 箱门开启角度不应小于 120°。

8　箱体密封条黏结应平整牢固，门锁的启闭灵活可靠，箱体处于锁闭状态时，密封性能应要求：

1）室内型箱体密封防护性能应达到 IP53 级要求；

2）室外型箱体密封防护性能应达到 IP55 级要求。

9　所有紧固件连接应牢固可靠。

10　设备内光缆固定、纤芯端接储存、光纤熔接头保护等功能应符合设计要求。安装光分路器的设备，还应检验光分路器安装配件及安装空间是否符合设计要求。

11　设备应有明晰的线序等示铭标志，各类标志名称统一，应符合设计要求。

12.6.2　室内外光纤分配设备的使用环境应符合下列要求：

工作条件：−5℃～45℃　　（室内型）
−10℃～+55℃　　（室外型）

相对湿度：≤85%（30℃时）　　（室内型）
≤95%（40℃时）　　（室外型）

12.6.3　过电压防护接地装置检查应符合下列要求：

1　接地装置与箱体金工件之间的耐压水平不应小于 3 000 V(DC)，1 min 不击穿无飞弧。

2　接地装置与箱体金工件之间的绝缘电阻不应小于 2×10^4 MΩ，试验电压应为直流 500 V。

3　室外光缆交接箱：光缆固定处应能承受 1 000 N 的轴向拉力，经拉伸、扭转试验后检查光缆固定处及固定装置，光缆应无任何松动、破坏现象。

4　楼层配线箱：光缆固定处应能承受 500 N 的轴向拉力，经拉伸、扭转试验后检查光缆固定处及固定装置，光缆应无任何松动、破坏现象。

5　过电压防护接地处应有明显的接地标志。

12.7 天线美化罩材料检验

12.7.1 天线美化罩的颜色、外观应符合设计要求。

12.7.2 天线美化罩的移动信号穿透损耗应符合设计要求。

12.7.3 天线架设于高度不大于 50 m 的建筑之上时，天线美化罩应采用燃烧性能不低于 B1 级的材料，其他场景应采用 A 级材料。

12.7.4 天线美化罩的结构、材料、施工工艺应根据其构筑物类型满足相应的工程施工质量验收规范要求。

13 住宅区通信管道的施工

13.1 开挖沟(坑)

13.1.1 施工前应根据设计图纸进行现场划线定位,管道的路由、管位应符合设计要求;开挖管道沟槽时,沟边应呈斜坡,沟底应呈一字坡或人字坡,坡度为3‰,沟底应平整;开挖前应了解其他管线的管位及埋深,必要时可打样洞。

13.1.2 挖掘不支撑护土板的人(手)孔坑,其坑的平面形状应与人(手)孔形状相同,坑的侧壁与人(手)孔壁的外侧间距不应小于300 mm,其放坡系数应符合表13.1.2的要求。

表13.1.2 放坡挖沟(坑)系数

土壤类别	$H:D$	
	$H \leqslant 2$ m	$H > 2$ m
黏土	1∶0.10	1∶0.15
夹砂黏土	1∶0.15	1∶0.25
砂质土	1∶0.25	1∶0.50
瓦砾、卵石	1∶0.50	1∶0.75
炉渣、回填土	1∶0.75	1∶1.00

注:H 为深度;D 为放坡(一侧的)宽度;$H:D=1:X$(X 取表中系数)。

13.1.3 挖掘需要支撑护土板的人(手)孔坑,其坑的长边与人(手)孔壁长边的外侧(指最大宽处)间距不宜小于400 mm。

13.1.4 管道沟沟底宽度由管道基础和所需操作余度确定。管道基础宽度为630 mm以下时,其沟底宽度应为基础宽度加300 mm(即每侧各加150 mm)。管道基础宽度为630 mm及以上时，其沟底宽度为基础宽度加 600 mm(即每侧加 300 mm)。设计规定管道沟槽需要支撑护土板时，沟底宽度应另加 100 mm。

13.1.5 通信管道工程的沟(坑)被水冲泡后，必须重新处理。

13.1.6 管道沟内需避让障碍物时，其坡度宜在障碍物前 10 m 开始。

13.1.7 翻挖余土应堆在沟边 0.5 m 以外，高度不应超过 1.5 m，并应及时清运。

13.2 砌人(手)孔

13.2.1 人(手)孔基础的施工应符合设计要求，浇灌混凝土基础前坑底土层应夯实、抄平。混凝土基础应加配直径为 Φ12 mm 的钢筋，基础厚度应为 150 mm，其外形尺寸偏差应为±20 mm，厚度偏差应为±10 mm。常用各种标号普通混凝土配比参见本标准附录 C。

13.2.2 人(手)孔应建筑在良好的地基上，在土质松软、流沙、淤泥等地区地基应打桩加固。人(手)孔基础深度在地下水位以下时，应用碎石加固。

13.2.3 砌人(手)孔墙体应在混凝土基础养护期满 24 h 之后进行，并应清洗人(手)孔基础。

13.2.4 人(手)孔的墙体的形状、尺寸应符合设计图纸要求。混凝土预制砖(以下称“砌块”)砌筑前应充分浸湿，砌体应平整，不应出现竖向通缝现象。

13.2.5 砌块之间的横缝应为 15 mm～20 mm，竖缝应为 10 mm～15 mm，横缝砂浆饱和度不应低于 80%，竖缝灌浆必须饱和严实，不得出现跑漏现象。

13.2.6 人(手)孔应按照设计规定的墙体抹面，抹面应平整、压光、不空鼓、不脱落、无裂缝，墙角不应歪斜。人孔壁抹面厚度应为 20 mm。

13.2.7 人(手)孔墙体必须垂直,墙体四角应水平一致,墙体的形状应符合设计要求。墙体的垂直度允许偏差为±10 mm,墙体顶部高程允许偏差为±20 mm。

13.2.8 上覆吊装前应清洗,吊装后应平整不摇动,用水泥砂浆灌实后抹平,确保顶边严密坚实。人孔铁框高出路面不应大于10 mm。

13.2.9 人(手)孔铁框的包封及人(手)孔基础浇灌应采用C20级混凝土;砌预制砖应采用1∶3水泥砂浆;人孔抹面应采用1∶2水泥砂浆。

13.2.10 人(手)孔内预埋鱼尾螺栓应与墙面垂直,允许垂直偏差应小于5 mm,间距偏差应小于10 mm,露出墙面应为70 mm～80 mm,安装必须牢固,螺栓应齐全有效。

13.2.11 人(手)孔内拉缆环的预埋位置应距人(手)孔底300 mm,露出人(手)孔壁80 mm～100 mm。

13.2.12 人(手)孔底部应有积水盂,全部管孔必须封堵不漏水。

13.3 敷设管道

13.3.1 住宅及住宅区内通信管道的规格、程式和管群断面组合应符合设计要求。

13.3.2 铺设通信管道基础前应平整沟底,清除杂物并夯实土层。

13.3.3 塑料管管道基础应铺设水泥预制底板,管顶应铺设水泥预制盖板,盖(底)板之间连接应用铁线将两端钢筋用"8"字法绕扎固定,并用C15级混凝土封填接缝。

13.3.4 塑料管的连接应符合下列要求:

1 塑料管的连接宜采用承插式粘结、承插弹性密封圈连接和机械压紧管体连接;承插式管接头的长度不应小于200 mm,分别适用于多孔管、双壁波纹管和硅芯管。

2 多孔管的承插口的内外壁应均匀涂刷专用中性胶合剂，最小黏度为 500 MPa·s，塑料管应插到底，挤压固定。

3 各塑料管的接头宜错开排列，相邻两管的接头之间错开距离不宜小于 300 mm，管道弯曲部分的接头应采取加固措施。

4 塑料管的切割应根据管径的大小选用不同规格的裁管刀，管口断面应垂直管中心且平直、无毛刺。

13.3.5 多孔管、硅芯管组成管群应间隔 3 m 用勒带绑扎一次。管层小于 2 层时，整体绑扎；大于 2 层时，相邻两层为一组绑扎，然后整体绑扎。塑料管排列整齐，不应交叉。

13.3.6 敷设双壁波纹塑料管时，每隔 2 m 应安装一个固定支架，管间的间距为 10 mm，用 C15 级混凝土全包封，包封厚度为 50 mm。

13.3.7 钢管接续前，应将管口磨圆或挫成坡边，应光滑无棱、无飞刺，用长为 400 mm 的钢套管套接，不应用电焊进行焊接。

13.3.8 敷设通信管道不应采用不等径的钢管。当小区通信管道与预埋进楼管出现不等径钢管对接时，必须在竣工图上标明。

13.3.9 敷设 3 孔以上钢管管道时，应用 C15 级混凝土全包封，包封厚度为 50 mm；3 孔以下（含 3 孔）仅在钢管对接处用 C15 级混凝土包封，钢管暴露部分应作防锈处理。

13.3.10 各种管道进入人（手）孔的位置应符合下列要求：

1 管顶距人（手）孔内上覆顶面不应小于 300 mm，管底距人（手）孔基础面不应小于 400 mm。

2 人（手）孔内不同方向的管道相对位置（标高）尽可能接近，相对管孔高差不宜大于 500 mm。

3 引上钢管引入人手孔，管口不应突出墙壁，应终止在墙体内 30 mm～50 mm 处，并应封堵严密，抹出喇叭口。

13.3.11 各种材质的通信管道、管顶至路面的埋深应符合设计要求；当达不到要求时，应采用混凝土包封或钢管保护。

13.3.12 敷设小孔径塑料管（硅芯管）时，管顶至路面埋深应符合设计要求，在管道上方 300 mm 铺设彩色警示胶带，在穿越车行道时宜采用套钢管方式保护，施工时应随时将管道两端用管塞封堵，泥沙或其他杂物不得进入管道内。

13.3.13 通信管道与其他管线及建筑物的最小净距应符合设计要求。

13.3.14 搅拌混凝土不得使用工业废污水及含有硫化物的水，砂石料配比应符合设计要求。

13.3.15 管道覆土前应取得隐蔽工程签证，清除积水，覆土夯实。覆土完工后应及时清运余土，清扫路面。

13.4 管道试通及其他

13.4.1 新建管道接入原有人(手)孔应摸清原有通信设施情况，保证原有通信设施的安全，上下人孔必须使用扶梯；在原有人(手)孔墙面开洞前，应妥善保护原有通信设施，并由专人监护，必要时提请维护单位派员进行现场指导。

13.4.2 进楼管应以 1%～2%的斜率朝下向室外倾斜，并做防水封堵。

13.4.3 管道工程提交验收前，施工单位应按本标准第 20.3.3 条的规定试通管孔，并保留试通记录。

13.4.4 当采用气流法敷设光缆时，除对小口径塑料管(硅芯管)进行试通外，还应进行充气试验。

14 住宅建筑内通信配套设施的施工

14.1 一般规定

14.1.1 移动通信安装维护配套设施、竖井、引上管、走线槽、楼层配线箱及过路(盒)箱应设置在建筑物内公共部位。采用暗管上升形式的多层,其上升管、楼层配线箱应采用预埋形式。

14.1.2 移动通信安装维护配套设施的尺寸及荷载应符合设计要求。平台外侧美化罩的外观和材料应符合设计要求。

14.1.3 桥架、走线槽规格、型号和上升管的管材、管径及数量应符合设计要求。

14.1.4 线缆进楼管以地下方式引入时,预埋管的规格和数量应符合设计要求。

14.1.5 住宅户每户水平配线管的数量、管材配置应符合设计要求;直线段敷设时,每隔 30 m 应加装 1 个过路箱(盒)。

14.1.6 配线管弯曲敷设时,每段长度不应大于 15 m,每段暗管的弯曲次数不应超过 2 次,且不应形成 S 弯。配线管曲率半径应大于管外径的 6 倍,大口径预埋管及厚壁配线管的曲率半径应大于管外径的 10 倍。

14.1.7 预埋暗管应避免穿越建筑物的沉降缝和伸缩缝。

14.1.8 通信设备及线路不应与燃气管、热力管、电力线合用同一竖井。

14.1.9 在暗配管内进行线缆敷设前,应按照设计要求检查管径、管位及管内引线。

14.2 线缆桥架和线槽安装

14.2.1 桥架、线槽安装的最低高度宜高出地坪 2 200 mm 以上。线槽、桥架顶部距楼板不宜小于 300 mm；在过梁或其他障碍物处，不宜小于 100 mm。

14.2.2 金属桥架、线槽水平敷设时，在下列情况下应设置支架或吊架：

1 桥架接头处。

2 直线段每间隔 1.5 m～2 m 处。

3 距桥架终端 0.5 m 处。

4 转弯处。

14.2.3 桥架、线槽垂直安装时，固定点直线距离不应大于 2 m；固定点距终端及进出箱(盒)处不应大于 300 mm；安装时应做到垂直、排列整齐和紧贴墙体。

14.2.4 线槽不得在穿越楼板或墙体处进行连接。

14.3 楼层配线箱及住户信息配线箱

14.3.1 住户信息配线箱宜低位安装，安装高度应符合设计要求。

14.3.2 信息插座的盒体安装高度应符合设计要求。

14.3.3 进入楼层配线箱、过路箱的管口应伸入箱内 10 mm～15 mm。

14.3.4 竖井与电信间内安装楼层配线箱，底部距地面高度应符合设计要求。

14.3.5 楼层配线箱、过路箱(盒)分壁嵌式和明装挂墙式两种形式，安装方式和位置应符合设计要求；楼层配线箱、住户信息配线箱、过路箱(盒)应具有良好的防潮、防尘功能及锁定装置。施工后应确保防潮、防尘、锁定功能良好。

14.3.6 楼层配线箱内各电信业务经营者的光分路器安装位置及编漆箱号等标志应符合设计要求。

14.3.7 住户内暗配管应汇聚到住户信息配线箱，信息点设置的位置及数量、管材等要求应符合设计要求。

14.3.8 引入住户信息配线箱内的电源线外护套不得有破损，金属导体不得外露，插座和电源线应固定在箱内，金属箱体接地必须良好可靠。

14.4 移动通信安装维护配套设施

14.4.1 移动通信安装维护配套设施永久荷载不应低于 2 kN/m^2。

14.4.2 移动通信安装维护配套设施及美化罩结构设计应符合现行国家标准《工程结构通用规范》GB 55001 的相关规定。

14.4.3 移动通信安装维护配套设施及美化罩的结构、材料、施工工艺应满足现行国家标准《构筑物抗震设计规范》GB 50191 的要求。

14.4.4 移动通信安装维护配套设施的结构、材料、施工工艺应根据其构筑物类型满足相应的工程施工质量验收规范要求。

15 中心机房内设备安装

15.1 光纤配线架(箱、柜)的安装

15.1.1 开箱检验，核对配件应齐全，光纤配线架(箱、柜)(简称ODF)的型号、规格数量应符合设计要求，并根据设计图纸或产品说明书装配。

15.1.2 按照设计图纸确定共享ODF和各电信业务经营者ODF的安装位置，施工必须严格按照设计确定位置安装。

15.1.3 安装ODF，并检查垂直度，偏差不应大于3 mm，校正后拧紧安装固定螺栓。

15.1.4 按照设计要求，核对各电信业务经营者的光分路器安装位置，并做好标识。

15.1.5 ODF的安装与接地应符合设计要求。

15.2 机架安装

15.2.1 机架安装应符合设计要求。

15.2.2 安装机架防震底座时，应划线定位，预埋膨胀螺栓，并调平、对齐。

15.2.3 机架就位应符合下列要求：

1 按照设计指定的共享机架和各电信业务经营者机架位置安装，按机架及子框的序号进行排列，电信业务经营者不得随意确定安装位置。

2 机架安装在防震底座上，调整水平后，拧紧所有螺栓将其预固定。

3 机架的垂直偏差不应大于机架高度的1‰。

4 安装架顶支撑，对机架进行抗震加固，螺栓必须全部紧固。

5 机架线缆敷设后，进行机架门板、侧板安装。

6 各电信业务经营者机架安装时间不同步时，首次进场的施工单位应根据设计分配的位置，在机房内标清各电信业务经营者机架或子框的安装位置。

15.3 电源安装

15.3.1 住宅区中心机房接入电源应安装计量表、熔断器、防雷等装置，用电量应符合设计要求。

15.3.2 电源线缆的敷设应采用穿线管、桥架、线槽明敷，但不得直接敷设在地坪上，每路电源线中间不得有接头。

15.3.3 电源线与通信线缆之间的间距应符合表15.3.3的规定。

表15.3.3 电源线与通信线缆之间的最小净距

类别	与通信线缆接近状况	最小净距(mm)
380 V电力电缆 <2 kVA	与缆线平行敷设	130
	有一方在接地的金属线槽或钢管中	70
	双方都在接地的金属线槽或钢管中	10
380 V电力电缆 2 kVA～5 kVA	与线缆平行敷设	300
	有一方在接地的金属线槽或钢管中	150
	双方都在接地的金属线槽或钢管中	80
380 V电力电缆 >5 kVA	与线缆平行敷设	600
	有一方在接地的金属线槽或钢管中	300
	双方都在接地的金属线槽或钢管中	150

注：双方都在接地的线槽中，系指两个不同的线槽，也可在同一线槽中用金属板隔开，且平行长度不大于10 m。

15.4 接地安装

15.4.1 中心机房宜采用共用接地方式，并在机房内预留等电位接地端子，采用共用接地方式的接地电阻不应大于 1 Ω。如采用独立接地体时，安装有源设备的机房保护接地电阻不应大于 4 Ω；不安装有源设备时，接地电阻不应大于 10 Ω。

15.4.2 电信间应预留接地端子盒，其接地线由共用接地体引来，接地电阻不应大于 1 Ω。

15.4.3 楼层配线箱、过路箱的金属外壳必须接地。当采用共用接地时，接地电阻不应大于 1 Ω；当采用单独接地时，无源机房、楼层配线箱(壁龛箱)、过路箱接地电阻不应大于 10 Ω，但住户信息配线箱的接地电阻不应大于 4 Ω。

15.4.4 金属走线架、金属桥架应接地，每节走线架之间应做好接地连接。

16 室外光缆交接箱的安装

16.0.1 室外落地光缆交接箱的型号、规格及配置应符合设计要求。

16.0.2 室外落地光缆交接箱安装位置应符合设计要求。如遇到地下障碍物或其他原因，必须调整光缆交接箱安装位置时，必须征得设计同意后方可施工。

16.0.3 室外落地光缆交接箱基础安装应符合下列要求：

1 基础土层应压实，混凝土底座埋深应符合设计图纸规定。

2 基础的混凝土标号、配筋、配比，砌筑基础的水泥砂浆标号等应符合设计要求。安装在人行道上的底座高度距离地面不应小于 100 mm；安装在绿化带、低洼处等易积水地区，底座高度距离地面不应小于 100 mm。底座外沿距光缆交接箱箱体不应小于 150 mm。粉刷抹面应均匀、不空鼓、表面光滑平整、倒角线平直。

3 预埋钢管规格、数量、埋深应符合设计要求，弯管的弯曲半径应大于管外径的 10 倍，钢管敷设前应做防锈处理，进入交接箱底座的预埋管管口应排列整齐、高低一致，钢管之间间距应为 10 mm。

4 所有的预埋铁件应经过热浸锌防锈处理，预埋位置正确，安装必须牢固，预埋铁件安装后应保持水平，水平偏差不应大于 3 mm。

5 接地极安装及接地导线引出位置应符合设计要求，接地导线应采用截面积为 16 mm^2 的导线，导线外护套应无损伤，接地电阻不应大于 10 Ω。施工时应注意安全，不得损坏其他地下管线。

16.0.4 室外光缆交接箱的安装应符合下列要求：

1 箱体安装必须在混凝土底座的养护期满 72 h 之后方可进行。

2 在光缆交接箱与混凝土底座之间应铺防水橡胶垫；在紧固底座螺栓时，应垫橡皮垫圈，箱体安装应牢固，垂直偏差不应大于 3 mm。

3 光缆交接箱内部配件的安装固定应符合设计和产品说明书的要求，所有光适配器的跳接一侧应盖上防尘帽。

4 接地导线应采用截面积为 16 mm^2 的导线，应按照设计要求连接到交接箱的接地排上，确保连接可靠有效。

5 光缆交接箱安装完毕后，应清理施工留在箱内的杂物，并应封堵孔洞进行防水、防潮处理。

17 住宅区线缆的施工

17.1 子管敷设

17.1.1 敷设光缆前，在管道的管孔内应敷设塑料子管（内导管），也可以使用纺织子管等其他形式的子管，所选用子管数量、规格及使用子管孔位应符合设计要求。

17.1.2 当采用外径/内径为 32 mm/28 mm 的塑料子管时，在外径为 89 mm 钢管管道内，宜一次敷设 3 根子管；在外径为 102 mm 钢管管道内宜一次敷设 4 根子管；在外径/内径为 110 mm/100 mm 塑料管管道内，宜一次敷设 5 根子管。

17.1.3 在人孔内敷设塑料子管，子管不得直接跨人（手）孔敷设，必须断开。

17.1.4 塑料子管应超出人（手）孔 100 mm～200 mm。

17.1.5 敷设至光缆交接箱的子管，在光缆交接箱一侧应高出混凝土底座 10 mm。

17.1.6 塑料子管在管道内不应有接头。

17.1.7 塑料子管应按设计要求封堵。

17.2 光缆敷设

17.2.1 核对光缆的型号、规格和芯数，敷设光缆的管孔位置及光缆段长配盘应符合设计要求。

17.2.2 住宅区地下通信管道的管孔应按先下后上、先两侧后中间的顺序使用。

17.2.3 敷设光缆时的牵引力应符合设计要求，牵引力应小于光缆允许拉力的80%，不宜超过1 500 N。管道光缆的一次牵引长度不宜超过1 000 m。

17.2.4 当采用绕“8”字圈方式敷设时，光缆的盘绕内径不应小于2 m。

17.2.5 敷设后光缆应平直、无扭曲、无明显刮痕和损伤，光缆预留长度应符合设计要求。

17.2.6 敷设后的光缆应保持自然状态，不得拉紧受力。

17.2.7 在人(手)孔内光缆暴露部分应用塑料软管保护，并扎紧，靠人孔壁固定在电缆搁架上。

17.2.8 每条光缆在人孔两侧近管口处各挂1块光缆标志牌，手孔内挂1块光缆标志牌。光缆标志牌应选用防水、防霉材料制作。光缆标志牌应标明光缆名称、规格、容量、施工单位和施工日期。

17.2.9 室外光缆敷设的最小曲率半径应符合本标准第10.0.7条的要求。

17.2.10 管道的管孔及子管应采用设计要求的器材进行封堵。

17.2.11 建筑物内敷设光缆应按照设计要求的路由敷设。在线槽、桥架、暗管内敷设时，应满足下列要求：

1 在光缆进出线槽部位、转弯处应绑扎固定；垂直线槽内光缆应在支架上固定，固定间隔不应大于1.5 m。

2 桥架内垂直敷设光缆时，应在光缆的上端和每隔间距不大于1.5 m处绑扎固定。水平敷设时，应在光缆的首、尾、转弯处及每隔5 m～10 m处绑扎固定。

3 光缆敷设在桥架及线槽内应顺直、不交叉，敷设过程中应及时整理防止扭曲，在光缆易受外力损伤处，应采取保护措施。

4 敷设暗管光缆时，可使用石蜡油、滑石粉等无机润滑材料，应随时检查电缆护套有无划痕和损伤。

17.2.12 中心机房、电信间内敷设光缆应符合下列规定：

1 中心机房、电信间内布放线缆应符合设计要求，光缆、跳纤、电源线缆应分线槽、桥架敷设。

2 机房内各电信业务经营者的跳纤绑扎固定应分开，并应有明显的标志区分。

3 桥架、线槽内敷设光缆应符合本标准第17.2.11条的要求。

4 中心机房、电信间、楼道、竖井等所有通信用预留孔洞，在光缆敷设完毕后应按照设计和消防要求进行封堵。

5 光缆引入ODF架，光缆的金属挡潮层、铠装层及金属加强芯应可靠连接至高压防护接地装置上，光缆开剥后应用塑料套管或螺旋管保护，并引入、固定在光纤熔接装置中。

17.2.13 室外光缆交接箱、楼层配线箱和光终端盒内光缆敷设应符合下列规定：

1 光缆及入户光缆进入楼层配线箱后，应根据设计要求留足接续长度。

2 箱内光纤、跳纤应按照设计和产品说明书规定的位置和路由布放，光纤、光缆应按照规定的曲率半径盘留，施工时不得影响其他电信业务经营者的设施。

3 楼层配线箱内适配器序号编排应自上而下顺序编号，纤序编排应符合设计要求。

4 光适配器的跳接侧应盖上防尘帽保护，光缆敷设完毕后进入箱体的所有管口应进行封堵。过路箱(盒)内的线缆应固定，并封堵管口。

5 光缆交接箱、楼层配线箱的编号应标在箱体外的适当位置，所有进入箱内的光缆及适配器应安装标志牌，箱体的门内侧应按照设计要求粘贴放缆表，表中应对应标明进入箱内的光缆名称、纤序、走向(具体地址)以及箱号、容量。

6 光缆进入光缆交接箱固定安装应符合本标准第17.2.12条第5款的要求，放缆结束后应在交接箱底座做防水、防潮处理，采用的材料应符合设计要求。

17.2.14 光分路器安装应符合下列规定：

1 光分路器规格、型号、数量应符合设计要求。

2 各通信电信业务经营者的光分路器应严格按照设计要求的位置安装。

3 光分路器备用端口应盖防尘帽保护。

4 各通信电信业务经营者的光分路器安装位置应有明显标志。

17.3 入户光缆敷设

17.3.1 入户光缆的规格、型号、芯数应符合设计要求。

17.3.2 弱电竖井内，入户光缆可敷设在桥架或走线槽内，也可敷设在公称口径为 25 mm 的各种材质的预埋暗管内。

17.3.3 非管道用蝶形引入光缆不得长期浸泡在水中，不宜直接在地下管道中敷设。

17.3.4 在敷设入户光缆时，牵引力不应超过所选用引入光缆最大允许张力的 80%。

17.3.5 蝶形引入光缆敷设的最小弯曲半径应符合表 17.3.5 的要求，弯曲应在光缆的扁平方向上进行。

表 17.3.5 蝶形引入光缆最小弯曲半径(mm)

光缆类型		静态（工作时）	动态（安装时）
室内蝶形引入光缆和自承式蝶形引入光缆	B6 类光纤	20	40
	B1.3 类光纤	30	60
管道用蝶形引入光缆		10*D*	20*D*

注：*D* 为光缆的外径(mm)。

17.3.6 布放入户光缆两端预留长度应满足本标准第 10.0.15 条的相关要求。在光纤信息插座底盒内不做端接时，应预留一定的施工长度，宜为 0.5 m。

17.3.7 入户光缆进入楼层配线箱后应做好端接，插头应按设计编排的纤序插入相应的适配器固定，并将余缆按照产品说明书规定的位置，理顺绑扎固定，并标明每条入户光缆的去向（所到住户的门牌号）。

17.3.8 住户信息配线箱/信息插座底盒内预留的光缆可顺势盘留固定在箱内/底盒内，不得扭曲受压。

17.3.9 入户光缆施工完成后，应按照本标准第 19.0.4 条的要求进行测试。

17.4 光缆接续

17.4.1 光缆的接续内容应包括光纤接续、光纤成端接续、金属护层、加强芯连接固定和接续衰减测量。

17.4.2 光缆在人孔内接续时，应预留 4 m～6 m 接续长度；光缆在终端箱接续时，应预留 1 m～3 m 接续长度。

17.4.3 光缆熔接损耗应满足本标准第 10.0.9 条的要求。

17.4.4 光缆接续应按照下列程序操作：

1 在光缆接续前，正确掌握光缆接头盒的使用、操作和有关技术要点。

2 光缆接续前应核对光缆规格、接头位置符合设计要求，根据预留长度的要求留足光缆。

3 应根据接头盒的工艺尺寸开剥光缆外护层，且不得损伤光纤。

4 应根据光缆的端别，核对光纤并按照设计图纸编号作永久性标记。

5 对于填充型光缆，接续时应用专用清洁剂去除填充物，严禁使用汽油清洁。

6 光纤接续应满足以下要求：

1) 光纤接续应连续作业，以确保接续质量。

2）熔接法接续完成后应采用热塑加强护套保护。

3）光纤全部接续完成后应根据光缆接头盒的不同结构，将余纤盘在光纤盘内，盘绕方向应一致。

4）光纤的曲率半径：B1.3 类光纤不应小于 30 mm；B6 类光纤不应小于 15 mm。

7 光缆的加强芯、金属护层应按设计要求进行接续、固定和接地。

8 光接头盒的封装必须按照接头盒的操作说明进行。用热可缩套管封装时，加热应均匀，热缩后外形应平整光滑，无烧焦等不良状况，密封性能良好。

9 管道光缆接头应安装在人（手）孔壁上方的光缆接头盒托架上，接头余缆应紧贴人孔搁架，并用尼龙扣带固定。盘留光缆的曲率半径不得小于光缆外径的 15 倍。

17.4.5 自中心机房至住户信息配线箱的光缆敷设结束后，检查各接续点的连接应正常，检测光缆全程衰减，其指标应符合设计要求。

17.4.6 光缆、光纤在人（手）孔、引上管、子管末端、机房成端处、进楼管进楼处、电信间成端处、楼层配线箱及光缆交接箱成端处应吊挂醒目标牌。

17.5 馈线敷设

17.5.1 馈线敷设应符合现行行业标准《移动通信基站工程技术规范》YD/T 5230 的规定。

17.5.2 馈线安装和防雷接地等应符合设计要求。

17.5.3 馈线的规格、型号、路由走向、接地方式等应符合设计要求。馈线走线应牢固、美观，不得有交叉、扭曲、裂损情况。馈线进入机房前应在接头处设置滴水弯。

17.5.4 馈线布放应均匀牢固，相邻两固定点间的距离为：馈线垂直敷设宜 0.5 m～1 m，水平敷设宜 1 m～1.5 m。

17.5.5 馈线布放应做到横平竖直，避免斜走线、空中飞线、交叉线。

17.5.6 一般馈线弯曲半径不应小于 20 倍馈线外径，软馈线的弯曲半径不应小于 10 倍馈线外径。

17.5.7 天馈线系统的电压驻波比不应大于 1.5。

17.5.8 馈线地埋布放和馈线接地应符合设计要求。

17.5.9 所有馈线不应沿建筑物接闪带和引下线、消防管道及供配电管道布放。

18 住户内通信线缆的施工

18.1 一般规定

18.1.1 住户内布放的线缆的型号、规格及容量应符合设计要求。

18.1.2 线缆在户内敷设应符合现行国家标准《综合布线系统工程验收规范》GB/T 50312 的规定。

18.1.3 线缆两端应贴有标签，标明编号。标签书写应清晰、端正和正确。标签应选用不易破损的材料。住户内光缆进入住户信息配线箱后，应将预留光缆盘留固定，做好警示标志，提醒住户保护眼睛等字样。箱内应有不得随意移动信息配线箱位置的告知和警示标志。

18.1.4 自住户信息配线箱至住户信息插座的室内电话线、住户内光缆或光电混合缆不得有接头。

18.2 住户内线缆敷设

18.2.1 住户内光缆经过过路箱时应预留一定的光缆施工长度，一般宜为 1 m。

18.2.2 住户内线缆敷设后端接处所预留的长度应符合本标准第 11.2.6 条的规定。

18.2.3 住户内蝶形引入光缆敷设应符合本标准第 17.3.4 条、第 17.3.5 条的规定。

18.2.4 住户内光电混合缆敷设时，最小弯曲半径应不小于缆外径的 15 倍；在固定时，最小弯曲半径应不小于缆外径的 10 倍。

18.2.5 住户内光电混合缆敷设时所施加的最大拖拽力应不大于其拉伸试验时的短期拉伸力。

19 光缆系统测试

19.0.1 光缆线路测试应包括住宅区光缆的光纤衰耗测试、入户光缆和住户内光缆的测试，其中光纤衰耗测试应分段测试，可采用光时域反射仪(OTDR)法或光功率计法；入户光缆和住户内光缆应采用对纤测试。

19.0.2 工程施工阶段，每一段光缆布放完毕并完成接续和成端操作后，可使用OTDR或光功率计对每段光缆进行测试，测试内容应包扩在1 310 nm波长的光衰减和每段光链路的长度，并将测得数据记录在案，作为工程验收的依据。

19.0.3 光纤熔接后每一熔接点的双向平均衰耗应符合本标准第10.0.9条的相关要求。

19.0.4 根据工程进展时段，入户光缆和住户内光缆布放完毕并完成接续和成端操作后，应进行入户光缆和住户内光缆测试。测试应采用可见红光发生器(俗称红光源)，主要测试入户光缆和住户内光缆布放后，光通道(包括光纤活动连接器在内)应畅通。

19.0.5 光缆线路测试方法应按本标准附录D进行。

20 工程验收

20.1 竣工技术资料文件编制要求

20.1.1 测试项目及技术指标应符合国家及通信行业有关标准和有关设计的要求。

20.1.2 竣工技术文件编制应符合下列规定：

1 工程竣工后，施工单位在工程验收前，应将工程竣工技术资料提交建设单位或监理单位。

2 竣工技术资料应包括以下内容：

1）安装工程量；

2）工程施工说明；

3）设备、器材明细表及相关资料；

4）施工竣工图；

5）各种测试记录（宜采用中文表示）；

6）设备和主要器材检验记录；

7）工程变更、检查记录及各种会议洽商记录；

8）随工验收记录；

9）隐蔽工程签证（由监理签署）；

10）工程决算；

11）监理资料。

3 竣工技术文件应与施工实物相符，且外观整洁、内容齐全、资料准确。

4 在验收中发现不合格的项目，应查明原因、分清责任并提出解决办法。凡由施工单位造成的不合格项目必须返修至合格，并将整改项目资料归入竣工文件。

20.2 检验项目及内容

20.2.1 正确选用设备和器材是保证工程质量的关键工作，施工单位在工程中选用的设备和器材应符合设计要求，在工程中对设备和器材检验的抽查量应按表 20.2.1 执行。

表 20.2.1 设备和主要器材检验的抽查量

序号	抽查项目	常规抽查数量	发现问题增查数量	最小抽查数量
1	光分纤设备	1) 型号规格，100% 2) 出厂检验报告及合格证书、安装使用说明书，100% 3) 箱体外观，100% 4) 配件及其他附件，100%	10%	2只
2	光缆	1) 型号、规格，10% 2) 纤芯盘测，100% 3) 出厂检验报告和合格证，100%	型号、规格，20%	1盘
3	光分路器	1) 光分路比，100% 2) 出厂检验报告和合格证书，100%	100%	100%
4	活动连接器	1) 型号规格，100% 2) 出厂检验报告和合格证，100%	100%	100%
5	尾纤及跳纤	1) 型号规格，100% 2) 出厂检验报告和合格证，100%	100%	100%
6	光缆接续器材	5%	5%	1套
7	馈线	1) 型号规格，20% 2) 出厂检验报告和合格证，100%	型号、规格，40%	1盘

续表20.2.1

序号	抽查项目	常规抽查数量	发现问题增查数量	最小抽查数量
8	水泥预制品	3%	3%	1）大顶1套； 2）底盖板10块； 3）甲乙砖各10块
9	塑料管材	3%	3%	10根
10	钢管和钢筋	3%	3%	10根
11	水泥	3%	3%	5包
12	砂石料	3%	3%	0.5 t

注：1　工程设备用量不大，应按100%全部进行检验。
　　2　主要器材的检验经过常规抽查。如发现质量问题，必须加倍抽查检验；如再发现问题，应按不合格产品处理。检验不合格的器材严禁在工程中使用。
　　3　水泥预制品的检验，在抽查量中有90%达到标准即为合格；否则应再加抽查3%，其90%（数量）达到标准仍算合格；如检验数10%以上达不到标准，则全部预制品质量应按不合格处理。
　　4　设备和主要器材检验的结果和问题处理结果应有记录，并归档保存。

20.2.2　工程质量检验方式主要有随工检查、隐蔽工程签证和竣工验收。工程质量检查项目、内容、标准和检验方式应按表20.2.2执行。

表20.2.2　工程验收检验项目及标准

序号	项目	内容	标准	检验方式
1	中心机房及电信间	1）土建施工：地面、墙面、门、土建工艺、预留孔洞	按设计要求	竣工验收*
		2）电源插座、接地装置、电源装置等	按设计要求	随工检查*
		3）装修应采用防火材料	符合消防要求	竣工验收
		4）220 V单相电源插座	应带接地保护装置	竣工验收
		5）电源线敷设	应采用穿线管、行线架、线槽内或明敷方式，每路电源线中间不应有接头	随工检查
		6）接地安装和方式	按设计要求	随工检查*

续表20.2.2

序号	项目	内容	标准	检验方式
2	机架和设备安装	1) 设备和主要器材检验	型号、规格、外观，测试报告和出厂合格证	随工检查
		2) 机柜(架)设备安装	按设计要求就位，机架排列整齐，垂直偏差≤3 mm，两个机架间隙≤2 mm，机架正面应保持在一个平面上	竣工验收
		3) 墙式(箱)架		
		4) 设备安装质量	按机柜(架、箱)配件要求固定全部螺栓，安装牢固，不得松动	竣工验收
3	通信管道:人(手)孔	1) 基础:混凝土级配比、厚度和宽度	C20 级混凝土，厚≥150 mm±10 mm，宽度不小于人(手)外尺寸300 mm，养护时间>24 h	随工检查 隐蔽签证
		2) 基础:钢筋和水泥标号	钢筋应为Φ12 mm 水泥标号≥P.O.27.5	随工检查
		3) 混凝土石料质量	石料中不应有树叶、草根、木屑等杂物，含泥量按重量计≤2%	随工检查
		4) 混凝土搅拌水	不得使用工业污水及含有硫化物的水	随工检查
		5) 外形尺寸和井内高度偏差	±20 mm	竣工验收*
		6) 内墙粉层和厚度	20 mm±2 mm（贴实严密、不空鼓、无裂缝、光滑平整）	随工检查
		7) 外墙粉层	贴实严密、不空鼓、不脱落	随工检查
		8) 砖砌(预制砖)	预制砖凹凸缝必须灌入水泥浆，砖层之间应有厚20 mm的砂浆铺垫	随工检查
		9) 积水盂	按设计要求	竣工验收
		10)安装拉缆环	距离基础300 mm，露出墙面80 mm～100 mm	竣工验收
		11) 安装鱼尾螺栓和搁架	安装牢固，鱼尾螺栓露出墙面70 mm～80 mm	竣工验收

续表20.2.2

序号	项目	内容	标准	检验方式
3	通信管道:人(手)孔	12) 渗漏	所有管孔全部封堵,井内不得渗漏水	竣工验收*
		13) 安装盖框和包封	盖框高出路面≤10 mm,并用C20级混凝土包封	随工检查
4	通信管道铺设(排管)	1) 管材型号、规格、质量	按设计要求	随工检查*
		2) 管顶至路面	塑料管: ≥0.8 m/车行道; ≥0.7 m/人行道; ≥0.5 m/绿化带。 钢管及MPVC-T管: ≥0.6 m/车行道; ≥0.5 m/人行道; ≥0.3 m/绿化带	随工检查 隐蔽签证
		3) 聚氯乙烯双壁波纹管固定支架	每隔2 m安置1个	随工检查
		4) 聚氯乙烯双壁波纹管包封	C15级混凝土全包封,厚度50 mm	随工检查 隐蔽签证
		5) 敷设塑料管	放底(盖)板时,底(盖)板之间应用铁线将两端钢筋用“8”字法绕扎,并用C15级混凝土封填接缝;排管顺直,不得交叉	随工检查 隐蔽签证
		6) 敷设钢管	3孔以上,应用C15级混凝土全包封;3孔及以下,将钢管对接处全包封,其余暴露部分作防锈处理	随工检查 隐蔽签证
		7) 钢管对接套管	长度为400 mm±5 mm	随工检查
		8) 管道试通检验(气流法敷设光缆时增加充气试验)	按本标准第20.3.3条的规定	竣工验收*
5	水泥砂浆配比	1) 砖砌	1∶3砂浆	随工检查
		2) 人(手)孔抹面	1∶2砂浆	随工检查
6	建筑物内暗管	1) 预埋暗管	两端口挫圆,无毛刺	随工检查
		2) 进楼管	以1%～2%的斜率朝下向室外倾斜	竣工验收

续表 20.2.2

序号	项目	内容	标准	检验方式
6	建筑物内暗管	3) 进入楼层配线箱或过路箱	管口应伸长 10 mm～ 15 mm	竣工验收
7	线槽和桥架	1) 安装高度和间距	安装高度宜>2 200 mm,距楼顶>300 mm,遇过梁和障碍物间距不宜<100 mm	竣工验收
		2) 线槽水平安装支架和吊架	(1) 线槽接头处; (2) 每间隔 2 m 处; (3) 距线槽终端 0.5 m 处; (4) 转弯处	竣工验收
		3) 线槽垂直安装固定	(1) 垂直距离<2 m; (2) 距终端及分线点 0.3 m 处; (3) 转弯处、接头处	竣工验收
		4) 安装质量	(1) 垂直、排列整齐、紧贴墙体; (2) 不得在穿越楼板或墙体处进行接头	竣工验收
		5) 接地连接	(1) 按设计要求做好接地保护; (2) 每节线槽之间应做好地气连接	竣工验收
8	楼层配线箱及住户信息箱安装	1) 安装高度	(1) 住户信息配线箱底边距地坪 0.3 m; (2) 挂壁式楼层配线箱底边距地坪 1.3 m; (3) 壁嵌式楼层配线箱底边距地坪 1.3 m	竣工验收*
		2) 光纤盘片安装	自光纤盘片引出的尾纤及入户光缆应按设计要求插入光配纤架(分配盘)上的适配器线路一侧,对侧盖上防尘帽	竣工验收
		3) 标识	箱体门内侧合适位置粘贴标识,标明光缆名称、编号和该箱子编号(须与容量相符)、光缆纤序、走向(具体地址)等	竣工验收
		4) 接地	金属外壳必须按设计和相关规定做好接地保护	竣工验收*

续表20.2.2

序号	项目	内容	标准	检验方式
9	室外光缆交接箱安装	1) 交接箱基础	(1) 水泥底座的制作、安装以及材料的选择、配比必须符合设计要求； (2) 基础土层应压实，砌砖低于地坪，以不露出地面为准； (3) 混凝土浇注应高出路面 100 mm； (4) 粉刷抹面应均匀、不空鼓，表面应光滑平整，倒角线应平直	随工检查*
		2) 预埋件	(1) 预埋铁件安装应牢固，预埋位置正确，水平偏差不应大于 3 mm； (2) 引上管采用 Φ89 mm 无缝钢管，钢管之间间距为 10 mm，管口排列要求整齐，管口高低一致； (3) 在每根钢管内敷设自人(手)孔至交接箱的子管，子管应露出水泥底座 10 mm	随工检查*
		3) 接地装置	接地电阻小于 10 Ω	随工检查*
		4) 光缆交接箱安装	(1) 交接箱内的所有配件应符合设计要求； (2) 在光缆交接箱水泥底座施工完毕后 72 h，方可进行光缆交接箱安装工作； (3) 光缆交接箱安装时，应在光缆交接箱底座上铺防水橡垫；在紧固底座螺帽时，要垫上橡皮垫圈； (4) 交接箱安装完毕后，箱体的垂直偏差不应大于 3 mm	随工检查*
10	移动通信系统	1) 接通率	满足本标准第 5.1.2 条的要求	竣工验收*
		2) 语音业务掉话率	2%～5%	竣工验收*
		3) 数据业务掉线率	2%～5%	竣工验收*
11	移动通信基础设施	1) 移动通信安装维护配套设施	按本标准第 14.4 节规定	随工检查*
		2) 天线美化罩	(1) 按设计要求； (2) 按本标准第 12.7、14.4 节规定	竣工验收*

续表20.2.2

序号	项目	内容	标准	检验方式
11	移动通信基础设施	3）室内分布系统无源器件	(1) 按设计要求； (2) 按本标准第12.5节规定	随工检查*
		4）室内分布系统线缆	(1) 按设计要求； (2) 按本标准第11.1、12.5节规定	随工检查*
		5）室内分布系统桥架和线槽	(1) 按设计要求； (2) 按本标准第14.2节规定	随工检查*
12	敷设子管	1）在Φ89 mm～Φ110 mm管孔内	按设计要求数量敷设	随工检查
		2）在人(手)孔内	在人(手)孔内应断开	随工检查
		3）子管在管道内	不得有接头	随工检查
		4）固定	超出第一根搁架150 mm，绑扎固定	随工检查
13	敷设光缆	1）光缆盘测	检查规格、型号，按出厂标准测试衰耗值	随工检查*
		2）建筑方式	按设计要求	竣工验收
		3）地下管道光缆敷设	一孔子管敷设一条光缆	随工检查
		4）牵引力和速度	牵引力<1 500 N， 牵引速度<15 m/ min	随工检查
		5）一次牵引长度	≤1 000 m	随工检查
		6）光缆盘留点和预留长度	按设计要求	竣工验收
		7）人(手)孔内保护和固定	人(手)孔内光缆暴露部分应用塑料软管包扎保护，并固定在电缆搁架上	随工检查*
		8）光缆号牌	每只人(手) 孔内都要吊挂，标明光缆名称、规格、容量、施工单位和日期	随工检查*
		9）光缆曲率半径	敷设过程大于光缆外径的20倍；光缆固定大于光缆外径的10倍	随工检查
		10）机房、建筑物内光缆布放	光缆布放路由符合设计要求，光缆在线槽、桥架布放整齐，固定绑扎符合标准，与其他线缆间距按照规范	随工检查
		11）光缆交接箱底座防潮措施	人(手)孔至交接箱光缆敷设完毕后的防潮措施符合设计要求	随工检查

续表20.2.2

序号	项目	内容	标准	检验方式
13	敷设光缆	12) 孔洞封堵	机房、建筑物的进楼管、上升点的孔洞封堵符合设计和消防要求	随工检查*
		13) 尾(跳)纤布放	规格、型号符合设计要求,布放整齐,保持自然顺直,无扭绞现象,尾(跳)纤必须在ODF和设备侧预留,并在其两端分别固定一永久性标签	随工检查
		14) 入户光缆和住户内光缆布放	(1) 入户光缆和住户内光缆敷设的最小弯曲半径应符合设计要求; (2) 在线槽、桥架内以不大于1.5 m的间距绑扎固定; (3) 入户光缆楼层配线箱端预留1 m,住户信息配线箱内预留1 m,住户起居室光纤信息插座端预留0.5 m; (4) 住户内光缆住户信息配线箱端预留0.5 m,光纤信息插座端预留0.5 m; (5) 用可见红光发生器测试入户光缆和住户内光缆	随工检查
14	光缆接续	1) 光缆纤芯接续	应一次连续作业直至完成	随工检查
		2) 光纤曲率半径	≥30.0 mm (B1.3D) ≥15.0 mm (B6a)	随工检查
		3) 铝护层、加强芯连接	连接牢固,接触良好	随工检查
		4) 光纤盘留	(1) 根据光缆接头盒的不同结构将余纤盘在光纤盘片内,盘片内光纤预留应大于200 mm,盘绕方向应一致; (2) 光缆的松套管及尾纤护套直接进光纤盘,并用尼龙扣带固定	随工检查
		5) 尾纤处理	(1) 尾纤头尾应标识对应的纤序; (2) 自光纤盘片引出的尾纤走向应合理、整齐,在架、盒、箱内不宜有过多余长	随工检查
		6) 机械接续	机械接续完成应置于专用的保护盒或熔接盘中,释放张力后合理固定	随工检查

续表20.2.2

序号	项目	内容	标准	检验方式
15	光接头盒封装	光缆接头盒的封装	1）光接头盒的封装按工艺要求。用热可缩套管，加热要均匀，热缩后要求外形平整光滑，无烧焦等不良状况，密封性能良好。 2）管道光缆接头应安装在人（手）孔壁上方的光缆接头盒托架上，接头余缆应紧贴人孔搁架，并用尼龙扣带固定。盘留光缆的曲率半径不得小于光缆外径的15倍	随工检查
16	住户内光纤信息插座的安装	通用插座安装	符合设计规定，螺栓固定，不松动；面板应有标识，以颜色、图形、文字表示所接终端设备类型	竣工验收
17	光缆测试验收	1）每芯接头双向衰耗平均值	单纤≤0.08 dB/芯·点 带状光纤≤0.2 dB/芯·点 机械接续≤0.15 dB/芯·点	竣工验收*
		2）光纤链路测试方法和链路衰耗规定	见附录B	竣工验收*
18	馈线敷设	1）馈线选型及布放	按设计要求	竣工验收
		2）曲率半径	按设计要求	随工检查
		3）敷设质量	平稳、均匀牢固、横平竖直	随工检查
		4）防水密封	处理良好，接头部位密封处理良好	随工检查*
		5）接地处理	按设计要求	随工检查*

注：检验方式一栏中，带有“*”的为必须检验的项目。

20.3 通信管道质量检验

20.3.1 通信管道工程质量竣工验收应符合下列规定：

1 按工程竣工图核对管道、人（手）孔口圈高程及其他可见部分；检查人（手）孔内的各种装置齐全、牢固，并符合规范要求。

2 已签证的隐蔽工程如发现异常，应进行抽查复验。

3　管孔试通。

20.3.2　通信管道工程的隐蔽工程签证应符合下列规定：

1　凡隐蔽工程质量符合本标准或临时补充规定者，均为"合格"，否则为"不合格"。

2　凡属"不合格"的隐蔽工程内容，必须返修至合格，经再次签证后方可进行下一工序或掩埋。

20.3.3　管道工程试通管孔应符合下列规定：

1　直线管道管孔试通，应用比被试管孔直径小 5 mm、长度为 900 mm 的拉棒试通。

2　塑料管直线管道及弯曲管道在曲率半径大于 40 m 时，应用比被试管孔直径小 5 mm、长度为 900 mm 的拉棒试通。

3　塑料弯曲管道曲率半径在 20 m～40 m 时，用比被试管孔直径小 5 mm，长度为 600 mm 的试棒拉通。

4　塑料管和钢管组群的通信管道，每 5 孔抽试 1 孔；5 孔以下抽试 2/1；2 孔试 1 孔；1 孔则全试。

20.3.4　通信管道工程管孔试通的评定标准，应按下列要求执行：

1　管孔试通全部通过第 20.3.3 的标准为"优良"。

2　在试通总数 5％以下的孔段，不能通过标准拉棒，但能通过比标准拉棒直径小 1 mm 的拉棒，也可定为"优良"。

3　在试通总数 6％～10％的孔段，不能通过标准拉棒，但能通过比标准拉棒直径小 1 mm 的拉棒，应定为"合格"。

4　凡达不到上述 3 款规定的，应由施工单位返修至合格后，再进行验收。

附录 A　楼层配线箱内部布局示意图

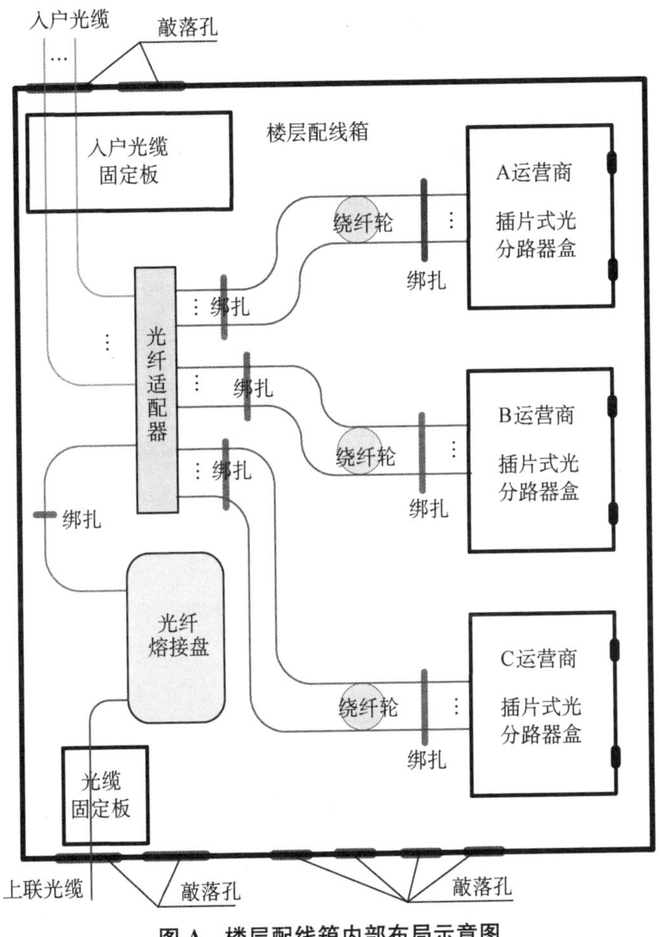

图 A　楼层配线箱内部布局示意图

附录B　住户信息配线箱内部布局示意图

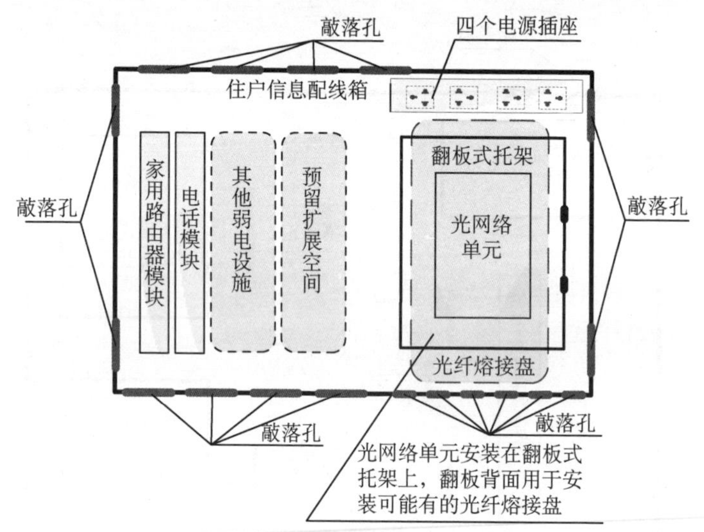

图B　住户信息配线箱内部布局示意图

附录C 常用各种标号普通混凝土参考配比及每立方米用料量

C.0.1 说明

1 本附录是各种强度等级的普通混凝土配比及每立方米用料的额定值，不是实际工程所用混凝土的配比及用料量实际值。鉴于各种砂、石料质地各异，施工单位必须按本标准的要求坚持“先试验、后定配比”的原则，确定工程用混凝土的合理配比，以利提高工程质量、降低成本和检验有据。

2 本附录普通混凝土的合成料，均为符合规范要求的标准材料。附表中所列混凝土标号，是以不同骨料最大粒径划分的。

3 本附录表中所列三种标号的水泥，其中P.O.27.5是普通管道工程的常用料。

4 为使用方便，只用高标号水泥配制的高标号混凝土。

C.0.2 预制品用普通混凝土配合比应符合表C.0.2的规定。

表C.0.2 普通混凝土配合比

名称	单位	普通混凝土配合比(m^3)			
		C15	C20	C25	C30
P.O.27.5水泥	kg	333	383	450	—
砂子	kg	642	606	531	—
5 mm～32 mm卵石	kg	1 245	1 231	1 239	—
水	kg	180	180	180	—
P.O.32.5水泥	kg	281	321	375	419
砂子	kg	717	646	627	576
5 mm～40 mm卵石	kg	1 222	1 253	1 218	1 225
水	kg	180	180	180	180

C.0.3 常用水泥用量换算应符合表 C.0.3 的规定。

表 C.0.3 常用水泥用量换算

水泥强度等级	P.O.27.5	P.O.32.5	P.O.42.5
P.O.27.5	1.00	0.86	0.76
P.O.32.5	1.16	1.00	0.89
P.O.42.5	1.31	1.13	1.00

附录 D　光缆线路测试方法

D.0.1　测试前应对所有光纤连接器进行清理。

D.0.2　利用光时域反射仪(OTDR)对光缆段落进行反射测量，以确定段长、衰减及故障点位置。测试应针对该段光缆的光纤进行逐芯测试。连接图见图 D.0.2。

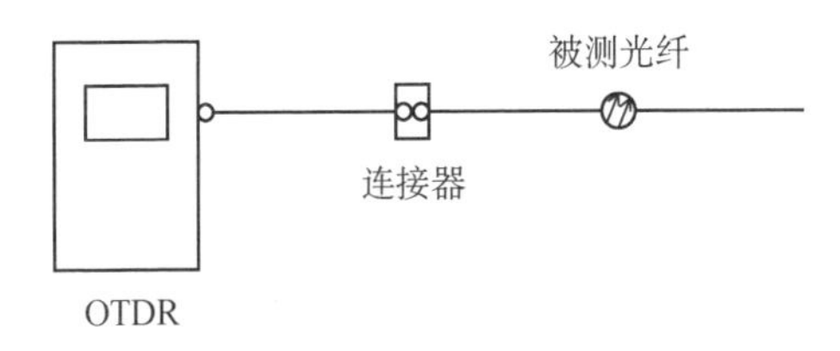

图 D.0.2　利用光时域反射仪(OTDR)进行光缆分段测试连接图

D.0.3　利用光功率计对光缆段落进行光功率损耗测量，以确定光纤衰减。测试应针对该段光缆的光纤进行逐芯测试。

D.0.4　利用光功率计对光缆段落进行测试前，应使用与被测光纤同型号的光跳纤连接光源和光功率计进行“归零”操作，或将所测的光功率值设置为基准(参考)值。连接图见图 D.0.4。

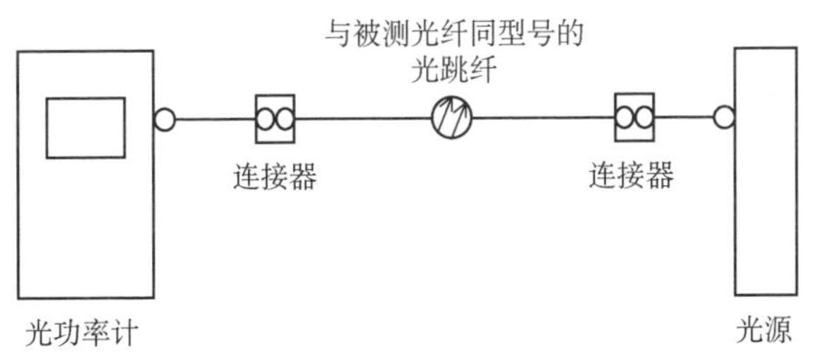

图 D.0.4　“归零”操作或测定光功率计基准值连接图

D.0.5 利用进行过“归零”操作或记录基准值的光功率计和光源对光缆段落进行测试。连接图见图 D.0.5。

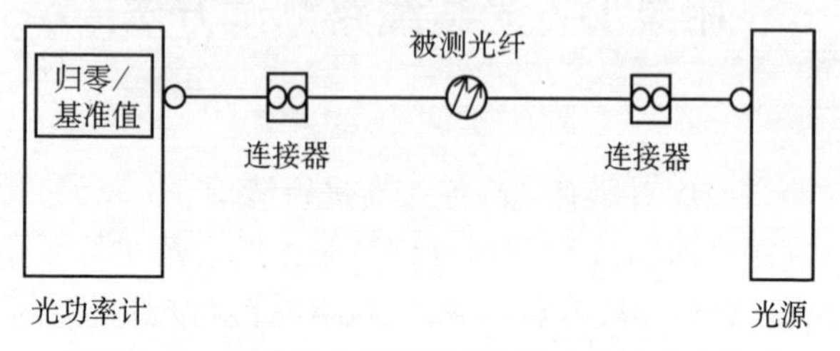

图 D.0.5 利用光功率计进行光缆分段测试连接图

D.0.6 利用可见红光发生器(俗称红光源)对入户光缆和住户内光缆进行对纤测试,以确定光通道畅通。测试应针对入户光缆和住户内光缆的光纤进行逐芯测试。连接图见图 D.0.6。

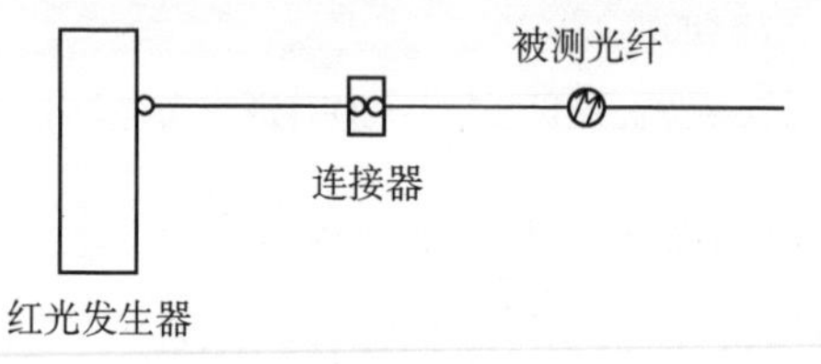

图 D.0.6 利用红光发生器进行入户光缆测试连接图

本标准用词说明

1 为了便于在执行本标准条文时区别对待，对要求严格程度不同的用词说明如下：

1） 表示很严格，非这样做不可的用词：

正面词用“必须”；

反面词用“严禁”。

2） 表示严格，在正常情况下均应这样做的用词：

正面词用“应”；

反面词用“不应”或“不得”。

3） 表示允许稍有选择，在条件许可时，首先应这样做的用词：

正面词用“宜”；

反面词用“不宜”。

4） 表示有选择，在一定条件下可以这样做的用词，采用“可”。

2 标准中应按其他有关标准、规范执行时，写法为“应符合……规定(要求)”或“应按……执行”。

引用标准名录

下列文件对于本标准的引用是必不可少的。凡是注日期的引用文件，仅注日期的版本适用于本标准。凡是不注日期的引用文件，其最新版本(包括所有的修改单)适用于本标准。

1 《外壳防护等级(IP 代码)》GB 4208

2 《通信用单模光纤　第 3 部分：波长段扩展的非色散位移单模光纤特性》GB/T 9771.3

3 《通信用单模光纤　第 7 部分：弯曲损耗不敏感单模光纤特性》GB/T 9771.7

4 《光纤试验方法规范》GB 15972

5 《数据中心设计规范》GB 50174

6 《构筑物抗震设计规范》GB 50191

7 《综合布线系统工程设计规范》GB 50311

8 《综合布线系统工程验收规范》GB 50312

9 《智能建筑设计标准》GB 50314

10 《通信管道与通道工程设计标准》GB 50373

11 《通信管道工程施工及验收规范》GB 50374

12 《通信局(站)防雷与接地工程设计规范》GB 50689

13 《住宅区和住宅建筑内光纤到户通信设施工程设计规范》GB 50846

14 《通信设备安装工程抗震设计标准》GB/T 51369

15 《建筑防火封堵应用技术标准》GB/T 51410

16 《工程结构通用规范》GB 55001

17 《通信设备用射频连接器技术要求及检测方法》YD/T 640

18 《光缆接头盒》YD/T 814
19 《电话网用户铜芯室内线》YD/T 840
20 《通信用层绞填充式室外光缆》YD/T 901
21 《通信光缆交接箱》YD/T 988
22 《通信局(站)在用防雷系统的技术要求和检测方法》YD/T 1429
23 《通信局(站)机房环境条件要求与检测方法》YD/T 1821
24 《通信用引入光缆》YD/T 1997
25 《接入网用光电混合缆》YD/T 2159
26 《无线通信室内信号分布系统　第2部分:电缆(含漏泄电缆)技术要求和测试方法》YD/T 2740.2
27 《无线通信室内信号分布系统　第5部分:无源器件技术要求和测试方法》YD/T 2740.5
28 《移动通信直放站工程技术规范》YD 5115
29 《无线通信室内覆盖系统工程设计规范》YD/T 5120
30 《通信建设工程安全生产操作规范》YD 5201
31 《住宅小区智能安全技术防范系统要求》DB31/T 294
32 《住宅设计标准》DGJ 08—20
33 《公众移动通信室内信号覆盖系统设计与验收标准》DG/TJ 08—1105

上海市工程建设规范

住宅区和住宅建筑通信配套工程技术标准

DG/TJ 08—606—2023

J 10334—2023

条 文 说 明

2023 上海

目　次

Contents

1 总　则

1.0.1 随着通信技术的快速发展，尤其是移动通信技术的升级换代，移动互联网的带宽迅速提升，对人们的生活、工作和学习方式产生了深远影响，为人们带来了极大便利。手机应用已经渗透社会各个领域，几乎与人们形影不离，人们通过手机使用互联网的时间已经远远超过通过计算机使用互联网的时间，因此对移动通信网络的依赖也达到前所未有的程度。为此，在新建住宅小区实现固定、移动通信网络的良好覆盖及其通信配套设施的共享已大势所趋。

1.0.2 住宅区和住宅建筑通信配套设施是为住宅用户提供各类固定、移动通信业务服务的通信基础设施，由固定宽带接入通信配套设施和移动通信覆盖配套设施组成，一般包括住宅区通信管道、光缆、光缆交接箱、中心机房、电信间、移动通信安装维护配套设施、小型立杆站安装位置、楼内弱电竖井、暗管、楼层配线箱、住户信息配线箱等，还包括住室内电话线及各类信息插座。通信配套设施为住宅区提供固定和移动通信接入所需的线缆、通信设施安装、维护空间及附件等。这些通信配套设施应视为住宅建筑中不可或缺的一部分，如同建筑中给排水系统和供电系统。

1.0.4 与本标准相关的国家、行业和上海市现行标准、规范主要有:《综合布线系统工程设计规范》GB 50311、《综合布线系统工程验收规范》GB 50312、《智能建筑设计标准》GB 50314、《通信管道与通道工程设计标准》GB 50373、《通信管道工程施工及验收规范》GB 50374、《通信局(站)防雷与接地工程设计规范》GB 50689、《住宅和住宅建筑内光纤到户通信设施工程设计规范》GB 50846、《通信设备安装工程抗震设计标准》GB/T 51369、《无线通信室内覆盖系统工程设计规范》YD/T 5120、《移动通信直放站工程技术规范》YD 5115、《住宅设计标准》DGJ 08—20、《公众移动通信室内信号覆盖系统设计与验收标准》DG/TJ 08—1105。

2 术 语

2.0.2 因行业分工及管理等因素，本标准未将有线电视系统及智能建筑中设备监控、火灾报警、安全防范等系统纳入其中，所以本标准定义的通信配套设施所指的通信是狭义的、传统的通信。本标准通信配套设施中的管网及缆网数量仅能满足固定宽带、移动通信等常规的通信接入需求。如为节约空间和投资，可在住宅区内将传统通信系统与有线电视、设备监控、火灾报警、安全防范等系统纳入同一个弱电管网中，并应在本标准所确定的管网容量基础上增加上述系统以及其他方式通信系统所需的管孔数量，同时有关部门须强化行业之间的分工与协调，使该管网能得到经济合理的使用。

2.0.3～2.0.7 低层、多层、中高层和高层住宅定义参照现行上海市工程建设规范《住宅设计标准》DGJ 08—20，并依据现行国家标准《民用建筑设计统一标准》GB 50352 定义超高层住宅、相应调整高层住宅最高为不大于 100 m。

2.0.24 信息插座主要由信息插座底盒、信息插座面板以及线缆端接器件所组成。

3 基本规定

3.0.1 住宅区通信光缆网络有统一的接入技术和统一的分光方式才能合理、经济地确定拓扑结构和配纤方案，节约公共空间，最大限度地提高通信基础设施的利用率，节约投资，并能方便地管理和维护。

目前 FTTH 采用无源光网络(PON)接入技术，其分光方式主要有以下两种。

1 一级分光方式：OLT 与 ONU 中间仅设有一级光分路器时，称为一级分光方式，通常适用于用户密度低且分散的住宅，如别墅类住宅，见图 1。

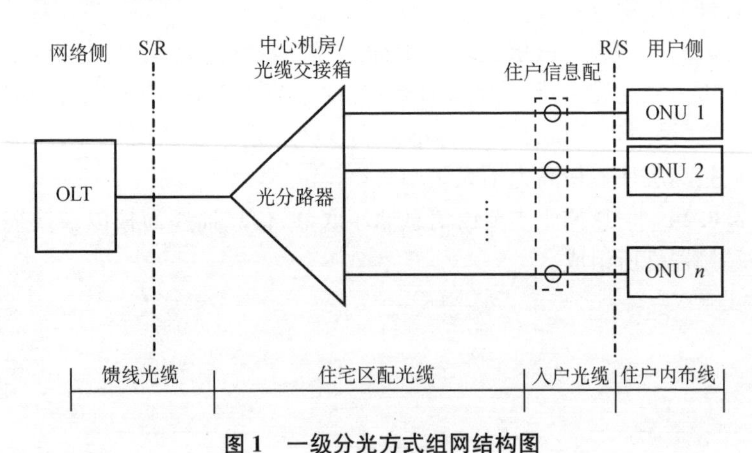

图 1 一级分光方式组网结构图

采用一级分光方式时，住宅区中心机房内的 ODF 或小区光缆交接箱是一级光分路器的首选安装位置。各电信业务经营者的光分路器集中安装在中心机房内，规模较小的住宅或住宅区不设中心机房时，一级光分路器安装在住宅区光缆交接箱内。分路器上联由各电信业务经营者通过馈线光缆上联至各自业务接入网，下联端口经跳纤跳接至住宅区内的配光缆，可方便地实现各电信业务经营者与住宅区内的任何一住户连接。一级分光方式下，各电信业务经营者共享中心机房 ODF 或小区光缆交接箱及其配线光缆，此时 ODF/光缆交接箱内必须有可供各电信业务经营者安装光分路器的空间和相应的配件。

采用一级分光方式最大的缺点是：对管道、光缆的需求量大，通信配套的初期投资大。

2 二级分光方式：OLT 与 ONU 中间采用两级光分路器级联时，称为二级分光方式，适用于用户相对集中的多层、中高层及高层住宅，见图 2。

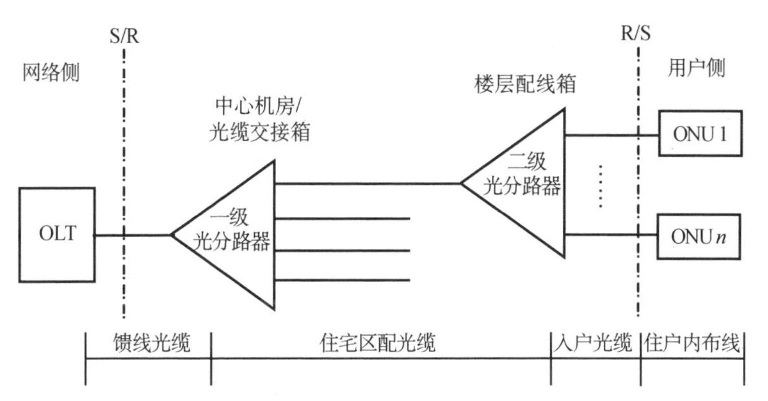

图 2 二级分光方式组网结构图

采用二级分光方式主要优点是减少了中心机房到楼层配线箱的光缆数量，从而降低了住宅通信配套建设投资；缺点是与一级分光相比多了一处跳接，配线管理复杂程度提高，链路损耗略有增加。

光分路器的安装位置可在住宅区中心机房的光分配架

(ODF)、光缆交接箱、电信间、楼层配线箱选择一处或两处，其配置应符合系统传输指标的要求。住宅区中心机房内的ODF或光缆交接箱是一级光分路器的首选安装位置，楼层配线箱是二级光分路器的首选安装位置。

电信业务经营者指国务院颁布的《中华人民共和国电信条例》中经营基础电信业务的运营商。当国家、行业及上海市对其有新定义时，则按最新定义理解。

住宅或住宅区通信网在通信网中属于用户驻地网范畴，为贯彻电信基础设施共建共享的精神，各电信业务经营者可在住宅区内中心机房平等接入。公共通信网与用户驻地网的分界如下：管道以公共道路一侧的建筑红线为界，线缆以中心机房的光纤配线架(ODF)或光缆交接箱为界；以上分界点朝外侧为公共通信网，朝用户侧为用户驻地网。

3.0.2 光纤到房间(FTTR)是在光纤到户(FTTH)的基础上，通过敷设住户内光缆进一步将光纤延伸至住宅户内的各个房间的方式。光纤到房间接入系统(FTTR)主要由主设备、从设备、光分路器、光缆和光纤活动连接器等组成，FTTR主设备输出的光信号经光分路器分光后再由住户内光缆连接至套内各个厅室的光纤信息插座，通过安装FTTR从设备实现光电转换，提供各种业务的电口，光分路器设备宜安装于住户信息配线箱内。当光纤到房间(FTTR)系统的从设备采用面板式AP时，需采用光电分路器(同时具备光分路器和远端供电模块)与光电混合缆来进行组网，从而实现为面板式AP远程供电的目的。光纤到房间(FTTR)系统的系统结构示意图见图3和图4。

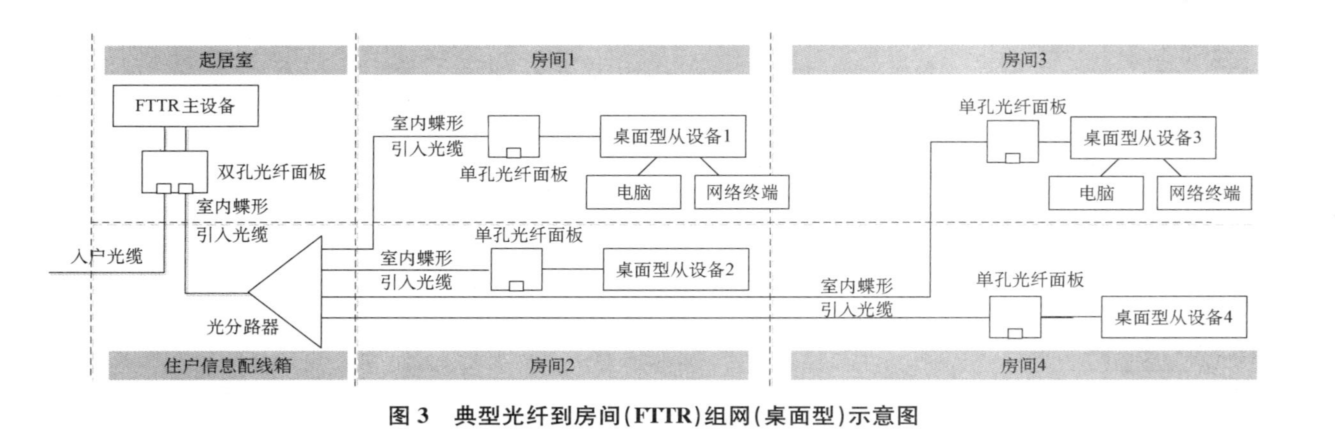

图 3　典型光纤到房间(FTTR)组网(桌面型)示意图

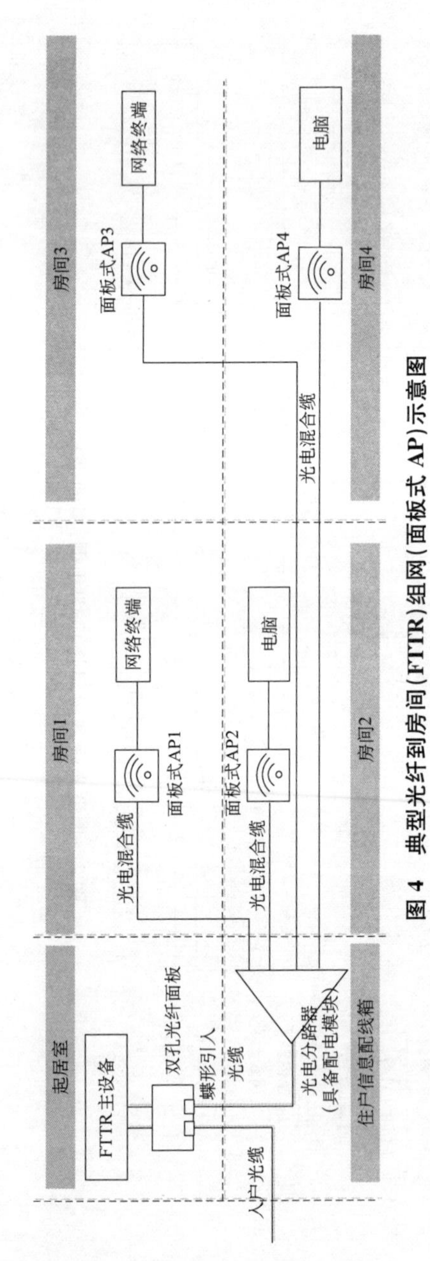

图 4 典型光纤到房间(FTTR)组网(面板式 AP)示意图

3.0.3 各电信业务经营者通过中心机房接入可最大限度地共享住宅区和住宅建筑内通信配套设施。没有中心机房的零星住宅建筑,可通过光缆交接箱接入。

3.0.5 本条涉及的分工汇总示意见表1。

表1 新建住宅区和住宅建筑通信配套设施专业分工

建设内容	设计负责方	建设负责方
中心机房的土建工程	建筑设计单位	住宅建设单位
住宅建筑内的通信管网	建筑设计单位	住宅建设单位
楼层配线箱、住户信息配线箱	建筑设计单位	住宅建设单位
住户内室内电话线的敷设、端接及电话信息插座安装	建筑设计单位	住宅建设单位
户内FTTR涉及的光纤信息插座底盒及空面板安装	建筑设计单位	住宅建设单位
移动通信安装维护配套设施及其美化罩	建筑设计单位	住宅建设单位
住宅区内通信管道、光纤配线架、光缆交接箱	通信配套设计单位	住宅建设单位
住宅区内通信线缆的敷设及端接	通信配套设计单位	住宅建设单位
入户光缆的敷设及楼层配线箱处的端接	通信配套设计单位	住宅建设单位
户内FTTR涉及的住户内光缆的敷设	通信配套设计单位	住宅建设单位
室内覆盖分布系统天线、器件和线缆安装	通信配套设计单位	住宅建设单位
室外微基站的沟通线缆敷设	通信配套设计单位	住宅建设单位
自住宅区至各电信业务经营者网络的通信管道、光缆、光分纤设备	通信配套设计单位	电信业务经营者
住宅区机房内的通信主设备	通信配套设计单位	电信业务经营者

续表1

建设内容	设计负责方	建设负责方
住宅区内的光分路器	通信配套设计单位	电信业务经营者
入户光缆在户内光纤信息插座处的端接	通信配套设计单位	电信业务经营者
户内FTTR涉及的有源设备及光分路器	通信配套设计单位	电信业务经营者
户内FTTR涉及的住户内光缆的端接及光纤信息插座的面板安装	通信配套设计单位	电信业务经营者
移动通信(微)基站设备及其线缆附件	通信配套设计单位	电信业务经营者
住宅区机房内的空调、电源等辅助设备	通信配套设计单位	通信基础设施服务提供商及电信业务经营者

1 建筑设计单位负责设计的移动通信安装维护配套设施指建筑楼顶预留的室外宏基站设备的安装维护配套设施,建筑外墙、楼顶处预留的室外微基站设备的安装维护配套设施,电梯井内定向天线或漏泄电缆或随行光缆的安装配套设施等,以及沟通弱电竖井与上述预留设施的传输信号和供电线缆管路资源。对于住户内光纤布线系统,建筑设计单位及住宅建设单位一般不具备住户内光缆光纤端接以及验收的专业能力,而电信业务经营者具有专业的光纤端接、测试及组网能力,因此住宅建设单位负责将住户内光缆敷设到位,无需端接,信息插座采用安装空面板的方式,后续业务开通时,光纤活动连接器、光纤信息插座面板或面板式AP由电信业务经营者负责安装。

2 通信配套设计单位负责设计的住宅区通信线缆指中心机房(电信间)至楼层配线箱之间的住宅区光缆,楼层配线箱至住户信息配线箱之间的入户光缆,室内分布系统的光缆和馈线,以及室外微基站的电信间至建筑楼顶或外墙的沟通光缆;固定宽带和移动通信系统同路由的光缆,容量应兼顾双方业务需求。

3 电信业务经营者需要根据业务需求情况提供有源设备及光分路器。

3.0.7 各电信业务经营者及通信基础设施服务提供商对中心机房(电信间)到各楼层配线箱的通信光缆同路由时合缆分纤使用可最节约地占用管孔,使通信管道的容量不致过大,从而使住宅区通信管道的建设经济合理、规范有序。移动通信覆盖设备安装位置应由负责移动通信覆盖设计的单位确定。

住宅区固定宽带接入(即 FTTH)光纤覆盖系统示意图见图 5,室外立杆站光纤覆盖系统示意图见图 6,楼顶及外墙微基站光纤覆盖系统示意图见图 7,室内覆盖系统光纤覆盖系统示意图见图 8。

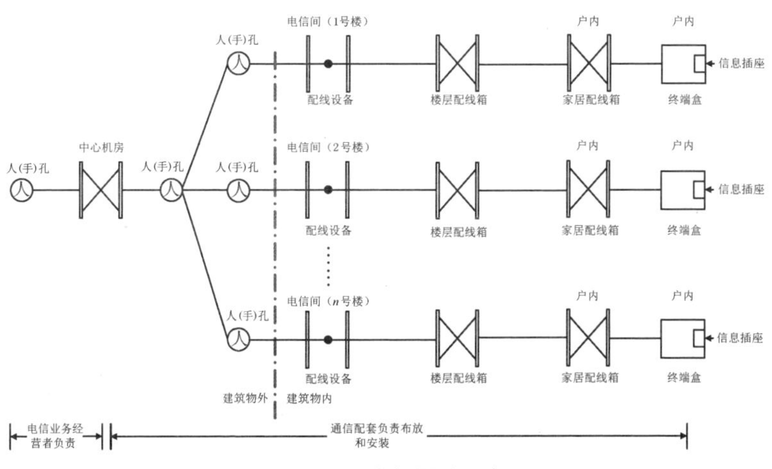

图 5 FTTH 光纤覆盖示意图

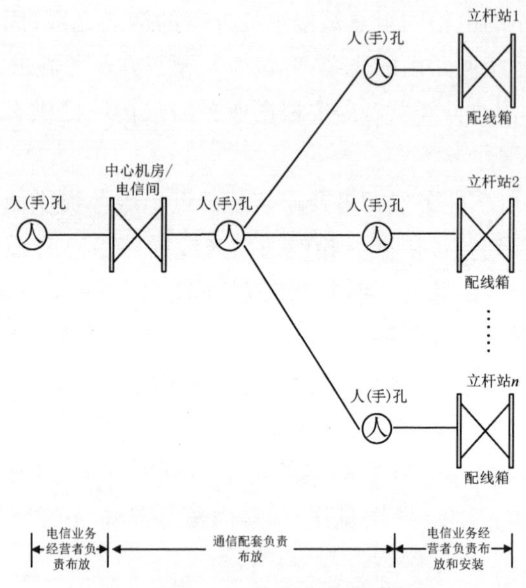

图6　室外立杆站光纤覆盖示意图

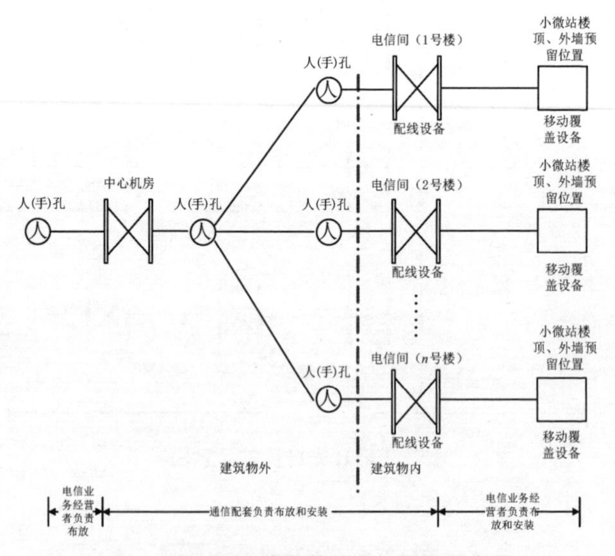

图7　楼顶及外墙微基站光纤覆盖示意图

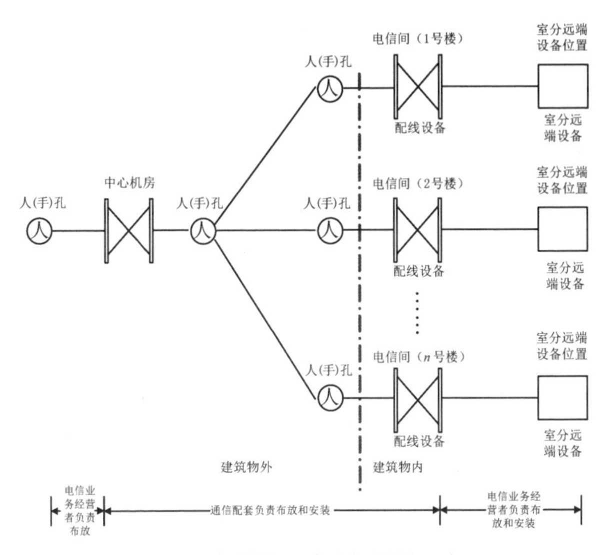

图 8　室内覆盖系统光纤覆盖示意图

3.0.12　住宅建筑内的通信管线应采用暗敷方式，其垂直线缆上升方式有两种形式：竖井上升和暗管上升。采用竖井上升形式的，收容的线缆多、敷设比较灵活且扩容方便，但需占用一定的建筑面积；采用暗管上升形式的，仅需占用一定的墙面，但收容的线缆有限、灵活性差且扩容困难。考虑到楼内敷设的通信线缆种类和数量呈显著上升趋势，高层、中高层住宅应采用竖井上升形式；多层住宅采用竖井上升形式比采用暗管上升形式为好；低层住宅目前普遍采用暗管上升形式，但宜向竖井上升形式发展。

3.0.13　各类配线设施及金属暗管、桥架采取接地措施是由于上述设施中的金属构件可能会将强电引入通信设施，并由此造成对人员和通信设备的危害，因此采取接地措施进行防护至关重要。

3.0.17　本条文规定“施工企业必须具有相关主管部门批准的相应施工资质，其施工工程必须与核准的施工范围相符”，目的是制止无证施工及超范围施工，规范施工市场，确保工程工期及工程质量。工程建设单位、监理单位、维护单位都有责任核查施工单位的施工资质和核准的施工范围，确保工程质量，使工程及时投产使用。

4 住宅区光纤到户接入系统的设计

4.0.2 住宅区光缆系指中心机房(电信间)至楼层配线箱之间的光缆,入户光缆系指由楼层配线箱途经住户信息配线箱至起居室光纤信息插座的光缆。

4.0.3 楼层配线箱单方向所辖楼层不宜超过 4 层,即该楼层配线箱所管辖范围为本箱所在楼层及其上 1 至 3 层和其下 1 至 3 层的楼层。

5 住宅区移动通信覆盖系统的设计

5.2 宏基站

5.2.2

1 预计各电信业务经营者新建站点以 LTE 和 5G 系统为主，据此核算每宏基站站点至少需要 6 套系统建设资源，另预留 1 套作为其他制式公众移动网系统补盲或站点调整以及 B-TrunC 等其他系统建设需求。对站点周边用户及业务量将大幅提高的场景，另考虑多预留 3 套公众移动通信系统。新建宏基站系统列表见表 2，公共建筑屋面宏基站天线安装点位分布示意图见图 9。

表 2 新建宏基站系统列表

电信业务经营者	序号	基站系统
电信	1	800 MHz CDMA2000
	2	800/1 800/2 100 MHz LTE FDD/NB-IoT/eMTC
	3	2 100/3 500 MHz 5G
移动	4	900/1 800 MHz GSM
	5	900/1 800 MHz LTE FDD/NB-IoT/eMTC
	6	1 900/2 100/2 600 MHz TD-LTE
	7	700/2 600/4 900 MHz 5G
联通	8	900/1 800 MHz GSM
	9	900/2 100 MHz WCDMA
	10	900/1 800/2 100 MHz LTE FDD/NB-IoT/eMTC
	11	900/2 100/3 500 MHz 5G
北讯	12	1 400 MHz B-TrunC
广电	13	460/700 MHz LoRa
	14	700/4 900 MHz 5G

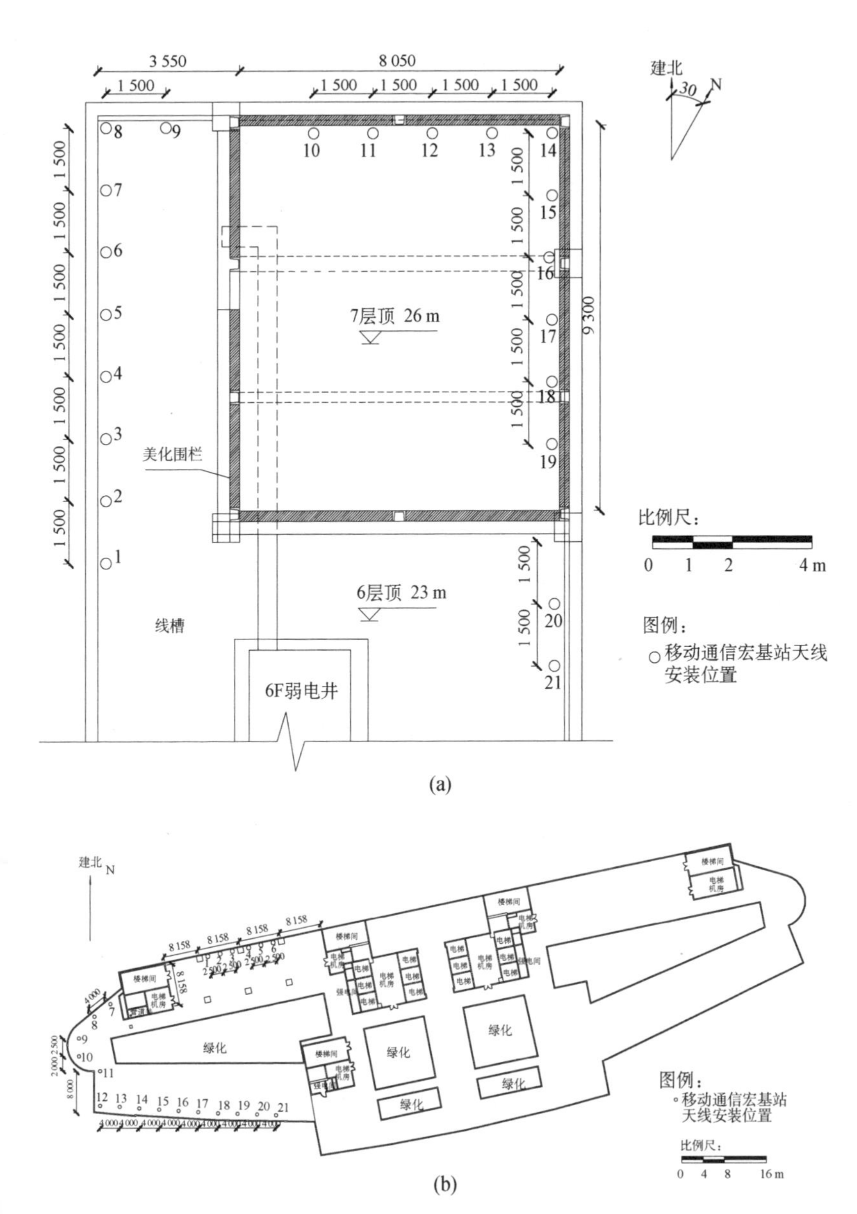

图 9　住宅建筑屋面宏基站天线安装点位分布示意图

5　目前宏基站建设普遍采用基带单元集中设置方式，即基带及与其相连的全球导航卫星系统天线设置在集中局点，或与本地室内覆盖系统、室外微基站系统等的基带单元共同部署于本地中心机房。因此，条文中对宏基站天面上全球导航卫星系统天线位置的预留要求使用“宜”，仅在特殊需求场景提供。

5.3　住宅区室外微基站

5.3.1

2　楼外墙微基站设置典型布局如图10所示。

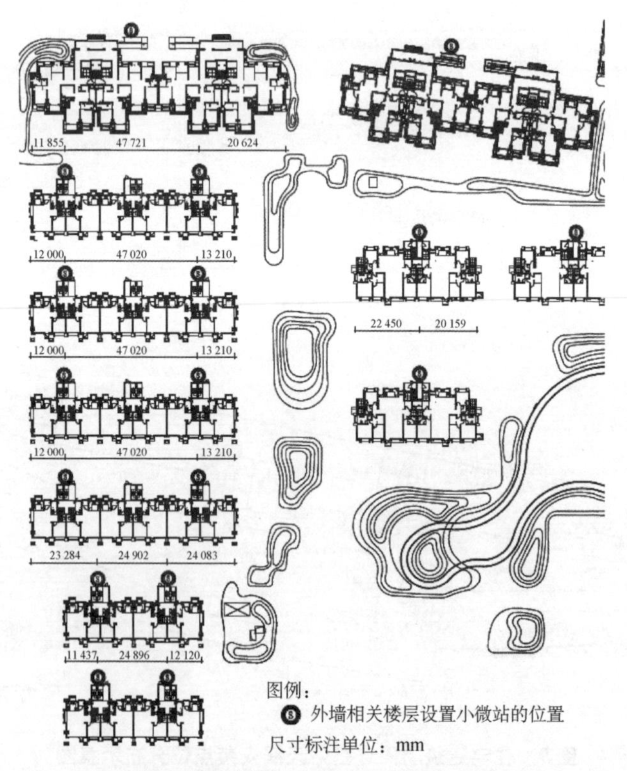

图10　楼外墙微基站设置典型布局图

3 考虑多电信业务经营者多制式需求，同一微基站站点在垂直相邻三层中分别设置，干扰隔离要求高的系统应分别部署于不同层。外墙微基站预留平台典型样式及室外设备典型安装方式如图 11 所示。

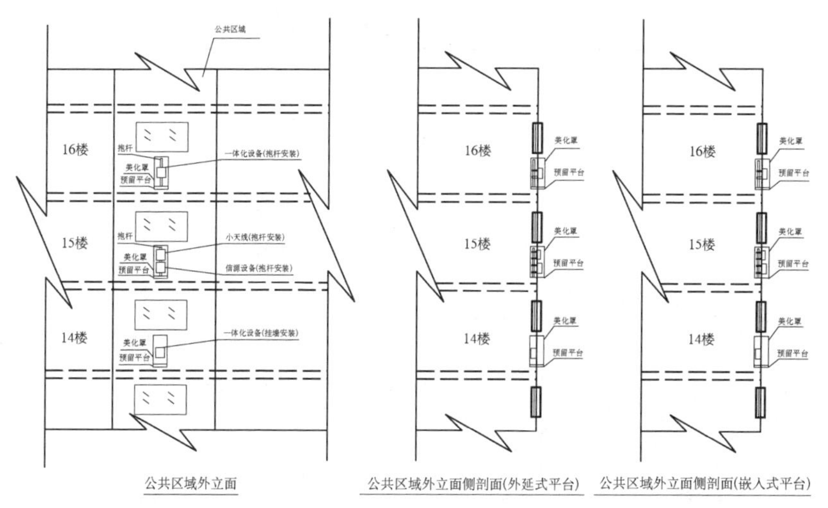

图 11　楼外墙微基站预留平台及设备安装典型样式示意图

4 建筑外立面未能在安装维护平台设置美化罩的，应对平台上安装的无线设备、抱杆、线缆等设施另行加装局部或整体的隐蔽化外罩，或酌情采用与建筑外观协调的无线设备或一体化美化设备。

5 LTE、5G 单通道 10 W 以下微基站设备单位功耗分别按 150 W、380 W 考虑，楼顶按最多 LTE 和 5G 各 6 个微基站、10%冗余核算，功耗需求 3 500 W；中间楼层按上下相邻 3 个平台、各安装 1 个 LTE 和 5G 微基站、10%冗余核算，功耗需求 2 000 W。

5.3.2

1 通信综合杆设置密度按 50 m 杆站覆盖半径、每杆搭载 1～2 套系统核算。

5.4 住宅楼室内覆盖系统

各电信业务经营者室内覆盖系统制式列表见表3。

表3 新建室内覆盖系统列表

电信业务经营者	序号	基站系统
电信	1	800 MHz CDMA2000
	2	800/1 800/2 100 MHz LTE FDD/NB-IoT/eMTC
	3	2 100/3 500 MHz 5G
移动	4	900/1 800 MHz GSM
	5	900/1 800 MHz LTE FDD/NB-IoT/eMTC
	6	1 900/2 100/2 300/2 600 MHz TD-LTE
	7	700/2 600/4 900 MHz 5G
联通	8	900/1 800 MHz GSM
	9	900/2 100 MHz WCDMA
	10	900/1 800/2 100 MHz LTE FDD/NB-IoT/eMTC
	11	900/2 100/3 500 MHz 5G
北讯	12	1400 MHz B-TrunC
广电	13	460/700 MHz LoRa
	14	700/3 500/4 900 MHz 5G

6　机房的设计

6.1　住宅区中心机房

6.1.1　本标准所设的中心机房为共享的通信配套设施，其面积除考虑安装通信设施所需的空间之外，还需考虑施工和维护检修所需的空间。

中心机房的典型平面布局举例如图 12～图 16 所示。

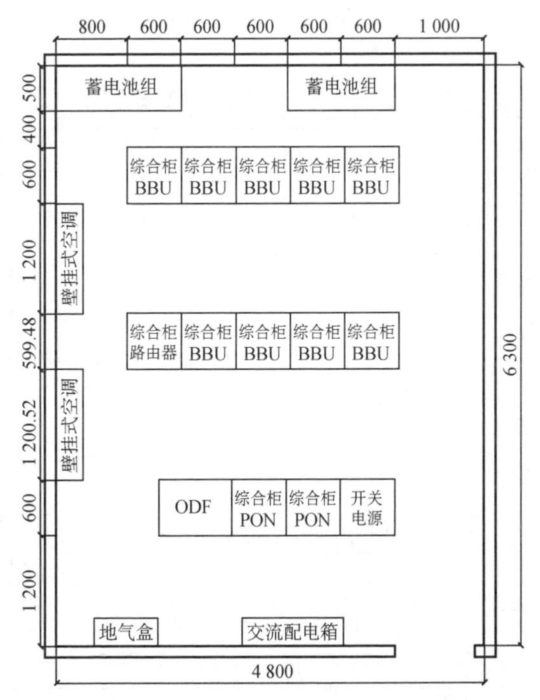

图 12　1 000 户及以下小区中心机房平面布局图一(面积:30.24 m²)

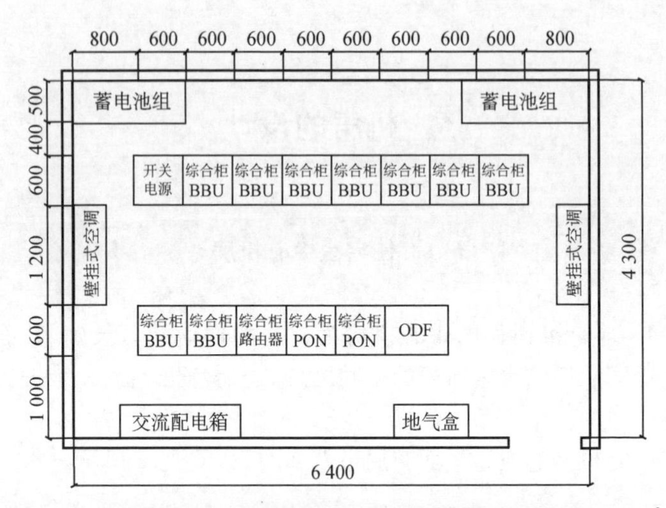

图 13　1 000 户及以下小区中心机房平面布局图二(面积:27.52 m²)

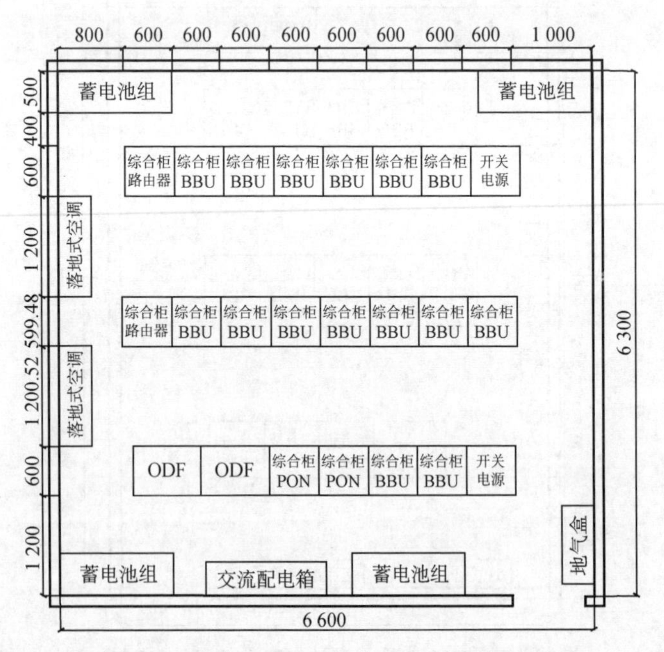

图 14　1 001 户～2 000 户小区中心机房平面布局图一(面积:41.58 m²)

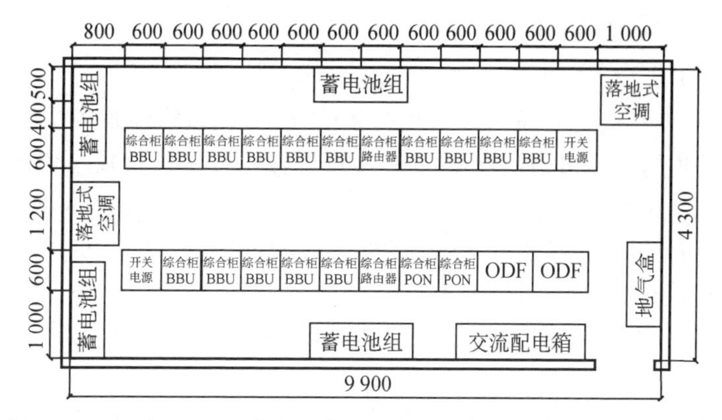

图 15　1 001 户～2 000 户小区中心机房平面布局图二(面积:38.7 m²)

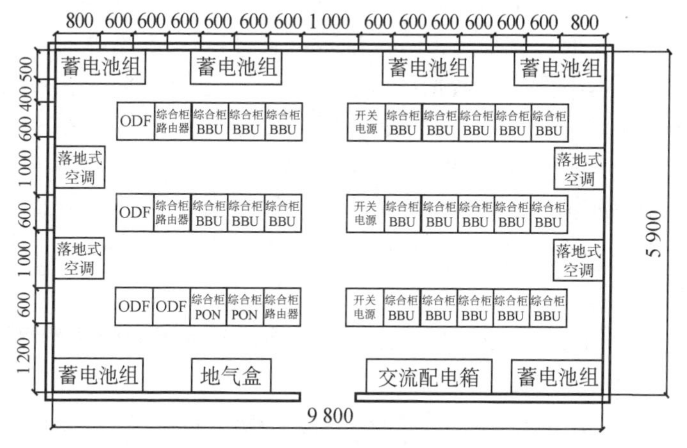

图 16　2 001 户～4 000 户小区中心机房平面布局图(面积:57.82 m²)

6.1.2

1　中心机房的防渗水措施主要是针对中心机房引入管群的密封措施。中心机房常用的排水设施有挡水墙、集水坑(沟)等，通常设置在机房引入管群下方。

3　中心机房设置在地下一层时，朝向建筑外侧的墙体、机房的门窗需要做防渗水处理。

6.1.3

1 中心机房净高一般是指梁下净高，在住宅建筑中当受客观条件所限时可适当降低要求，但应确保机架安装区域的净高不低于 2 600 mm。

4 地下管道引入中心机房的方式有两种：当中心机房所在的建筑有地下一层时，宜直接引至地下一层，其后可用桥架与中心机房相连通；当中心机房所在的建筑无地下一层时，宜在首层的机房内设置地坑。

7 中心机房是生产场所，其内部装修应简洁实用符合工艺要求，特别是防火要求，实践证明对于无人机房来说设置吊顶及敷设活动地板除了增加装修成本外，同时增加了火灾隐患，所以目前通信行业对此是禁止的。本标准采用“不宜设置吊顶及铺设活动地板”，主要考虑通信设备有可能与其他智能化系统共用一个中心机房，而某些智能化系统目前尚无这方面规定。

8 对机房所有线缆孔洞进行防火封堵是通信行业根据防火要求制定的条款，目的是实现防火分区，能在一定时间内防止火灾向同一机房的其余部分蔓延。

6.1.5

2 中心机房宜采用上走线布线方式是基于简洁实用、便于施工和维护的考虑。

3 通信线缆与电源线分开布放，是防火的需要，也是通信行业近年来反复强调的。不采用活动地板与上走线方式，二者是协调的。

4 不同电信业务经营者的设施分架安装或同架分区安装是为了在通信设施共建共享的同时便于电信业务经营者相对独立地维护自有设备。

5 根据现行国家标准《通信设备安装工程抗震设计标准》GB/T 51369 的规定，电信设备安装抗震设防烈度应与其所在的通信建筑抗震设防烈度相同。住宅区中心机房抗震设防根据现行行业标准《通信建筑抗震设防分类标准》YD 5054 的要求为“标准设防类(丙类)”,应按上海地区抗震设防烈度 7 度进行设防。

6 中心机房内电源、空调等辅助设备由需要安装有源设备的电信业务经营者负责建设。由于机房空间有限,为充分利用空间并达到节能环保的目的,上述辅助设备应采用共建共享的方式,可由共享上述设备的电信业务经营者进行协商,联合共建。

6.1.6 中心机房引入电源并设置配电箱是为了便于在机房内安装可能的有源设备。

2 电信业务经营者可设置通信、空调等分项电能计量表用于节能减碳监控和评估。

6.2 电信间

6.2.1 多层建筑恢复电信间的设置,是为满足移动通信小区覆盖的需要,同时还可以为住宅区固定、移动通信网络光缆资源共享提供便利条件。

6.3 宏基站机房

6.3.4

1 多系统共用机房时,2 G~4 G 系统和集群系统按每套宏基站设备 1.2 kW、5G 系统按每套宏基站设备 3.5 kW、传输接入设备按每套 0.7 kW 功耗核算,另需计入机房空调、蓄电池等配套设施的功耗需求。

7　室外光缆交接箱的设置

7.0.1　别墅类住宅因其建筑特点所限，可在住宅区不影响周围环境布置的公共区域设置室外光缆交接箱。为便于施工及检修，公共通信设备宜安装在住宅区公共区域，不应安装在某一住户内。

8 住宅区地下通信管道的设计

8.0.1 住宅区地下通信管道是敷设从各电信业务经营者的公共通信网至住宅区的光缆及住宅区内配纤的物理通道。住宅区地下通信管道一般由管道、引上管、建筑物引入管、人(手)孔和室外交接箱体等组成。

住宅区地下通信管道的手孔不宜设在车道下,主要原因是受手孔顶盖的承载能力所限。建筑物引入管的位置及方位根据住宅区总体的通信管道规划来确定,可减少人(手)孔的数量,适当缩短管道的总长度,以求得经济的工程投资。

8.0.5 地下通信管道管孔的标准内径为 90 mm,适宜敷设大外径电缆,而对小外径线缆(如光缆)通常采用在标准管孔内穿放子管的方式以提高管孔的空间利用率,并便于线缆网的扩建和维护。塑料管材按结构分为单孔管和多孔管,聚氯乙烯双壁波纹管和聚乙烯实壁管(含硅芯管)属于单孔管。多孔管按横断面形状不同,可分为栅格管、梅花管、蜂窝管等几种,适宜敷设光缆、馈线等小外径线缆。管材的选用还需考虑便于维护等因素。

8.0.6 至小区通信综合杆的引上管设置强、弱电线缆走线各占用 1 孔,有条件再预留 1 孔。

9 住宅建筑内通信管网的设计

9.1 一般规定

9.1.7 起居室有线电视插座旁的光纤信息插座需要同时供住户内光缆和入户光缆通达。

9.1.13 暗管内敷设线缆的管截面利用率按公式(1)计算：

$$管截面利用率=A_1/A \tag{1}$$

式中：A_1——敷设在暗管内线缆的总截面积；

A——暗管内截面积。

暗管内敷设线缆的管径利用率按公式(2)计算：

$$管径利用率=d/D \tag{2}$$

式中：d——线缆的外径；

D——暗管的内径。

9.1.18 桥架内的线缆填充率按公式(3)计算：

$$线缆填充率=S_1/S \tag{3}$$

式中：S_1——所有线缆的截面积之和；

S——桥架内横截面积。

9.2 中高层、高层、超高层住宅建筑内通信管网

9.2.1 中高层、高层、超高层住宅建筑内通信管网一般由电信间、竖井或竖向暗管、桥架、楼层挂壁式或壁嵌式配线箱、过路箱(盒)、水平暗管、住户信息配线箱、信息插座出线盒等组成。

9.2.3 桥架通常有梯级式、槽式和托盘式三种，竖井内垂直段采用梯级式、托盘式或加有横档槽式桥架，有利于线缆的固定。

9.2.4，9.2.5 对于住宅建筑内各种规格尺寸配线箱(包括挂壁式、壁嵌式)，上海市通信行业通常用其简称，如尺寸为 250 mm×190 mm×130 mm 的箱体通常简称为“A 型箱”。配线箱尺寸规格与简称对照见表 4。

表 4 住宅建筑配线箱尺寸规格与简称对照(mm)

简称	箱最小内净尺寸			备注
	高	宽	深	
A 型箱	250	190	130	可作过路箱用
B 型箱	380	250	130	可作过路箱用
C 型箱	500	380	150	可用于安装光分路器，所辖住户数不宜超过 16 户
D 型箱	600	450	150	可用于安装光分路器，所辖住户数不宜超过 24 户
E 型箱	700	500	150	可用于安装光分路器，所辖住户数不宜超过 32 户

9.3 多层、低层住宅建筑内通信管网

9.3.1 多层、低层住宅建筑内通信管网一般由可能有的电信间、竖井或竖向暗管、挂壁式或壁嵌式配线箱、过路箱(盒)、水平暗管、住户信息配线箱和信息插座等组成。

9.3.5 独栋别墅住宅建筑内通信管网一般由可能有的电信间、建筑物引入管、水平暗管、竖向暗管、住户信息配线箱和信息插座等组成。

9.4 住户内信息插座的配置

9.4.2 住户内光纤布线系统配套建设时，住宅建设单位负责将住户内光缆敷设到位，无需端接，信息插座底盒采用安装空面板方式。

9.4.4 当采用光电混合缆布线时，光纤信息插座的底盒下口距地坪 1.2 m～1.4 m，是为了避免面板式 AP 安装后其无线信号被镜面、金属、承水容器等阻隔，从而影响无线信号覆盖质量。

10 住宅区内光缆线路的设计

10.0.2 波长段扩展的非色散位移单模光纤，又称低水峰光纤，我国的国标分类代号为 B1.3 光纤，分为 C 和 D 个子类，分别对应于 ITU-T 的 G.652.C 和 G.652.D 光纤。B1.3 光纤主要适用 ITU-T G.957 规定的 SDH 传输系统、G.691 规定的带光放大的单通道 SDH 传输系统和直到 STM-64 的 ITU-T G.692 带光放大的波分复用传输系统；B1.3D 比 B1.3C 具有更低的偏振模散系数，更适宜在波分复用传输系统中使用。

接入网用弯曲损耗不敏感单模光纤我国的国标分类代号为 B6 类光纤，对应于 ITU-T 的 G.657 光纤。B6 类光纤又分为 a1、a2、b2、b3 四个子类，a1 和 a2 子类光纤具有与 B1.3 类光纤相匹配的尺寸参数，在弯曲性能上优于 B1.3 类光纤；b2 和 b3 子类光纤具有与 B1.3 类光纤相接近的尺寸参数，在弯曲性能上更优。

目前住宅区光缆中的光纤常采用 B1.3D(即 G.652.D)，入户光缆中的光纤常采用 B6.a2(即 G.657.A2)和 B6.b3(即 G.657.B3)。

波长段扩展的非色散位移单模光纤和接入网用弯曲损耗不敏感单模光纤的国内标准(GB)与国际标准(国际电信联盟标准化组织 ITU-T、国际电工委员会 IEC)的目前对应关系见表 5。

表 5 部分光纤的国内标准与国际标准对照表

光纤名称	国内标准(GB)	ITU-T	IEC
波长段扩展的非色散位移单模光纤	B1.3C	G.652.C	B1.3C
	B1.3D	G.652.D	B1.3D

续表5

光纤名称	国内标准(GB)	ITU-T	IEC
接入网用弯曲损耗不敏感单模光纤	B6a1	G. 657. A1	B6_a1
	B6a2	G. 657. A2	B6_a2
	B6b2	G. 657. B2	B6_b2
	B6b3	G. 657. B3	B6_b3

10. 0. 5 为了充分利用家庭网络主设备的功能以及无线覆盖效果，家庭网络主设备需安装于住宅户内的中心位置，一般为起居室。因此，入户光缆通过住户信息配线箱延伸至起居室的光纤信息插座后，便于电信业务经营者家庭网络主设备的安装，同时可以进一步发挥主设备无线网络覆盖的功能。

10. 0. 8 入户光缆的型号较多，目前在住宅建筑内常用的为蝶形引入光缆。蝶形引入光缆的产品规范见现行行业标准《通信用引入光缆　第1部分：蝶形光缆》YD/T 1997. 1，蝶形引入光缆最小弯曲半径应满足表6的要求，弯曲应在光缆的扁平方向上进行。

表6　蝶形引入光缆最小弯曲半径(mm)

光纤类别	静态弯曲	动态弯曲
B6a	15	30
B6b	10	25

10. 0. 10 按最坏值法计算时，公式(10. 0. 10)中各参数取值参考如下。

——A_f 层绞式或中心管式光缆B1. 3类光纤衰减系数：

1 310 nm时，单纤可取0. 36 dB/km，光纤带可取0. 4 dB/km；

1 550 nm时，单纤可取0. 22 dB/km，光纤带可取0. 25 dB/km。

——A_f 入户光缆B6a类光纤衰减系数：

1 310 nm时,可取 0.4 dB/km;1 550 nm时可取 0.3 dB/km。

其他类型光缆光纤的取值应参照相应产品规范。

——$A_{熔}$光纤熔接接头衰耗:

单纤光缆接头衰耗值可取平均值 0.08 dB/个;

光纤带光缆接头衰耗值可取平均值 0.2 dB/个。

——A_c 光纤活动连接器衰耗值可取 0.5 dB/个。

——$A_{机械}$现场组装式光纤活动连接器损耗值可取 0.5 dB/个。

——$l_{分}$光分路器的插入损耗值参照相应产品规范。

——Mc 光缆维护余量可取 0~2 dB。

光链路的全程包括:可能有的住宅区中心机房至电信业务经营者段、住宅区光缆段和入户光缆段。

10.0.11 当管孔内敷设多根子管时,子管的总等效外径可按公式(4)计算:

$$D=\sqrt{1.5\sum_{1}^{n}d^{2}} \tag{4}$$

式中:D——多条子管的组合外径(mm);

d——每条子管的外径(mm);

n——子管条数。

11　住宅建筑内通信线缆的设计

11.2　住户内通信线缆

11.2.1　住宅建筑户内的暗管一般是以住户信息配线箱为中心，以星型结构敷设至各个信息插座。因此，住户内线缆采用星型网络结构为佳。

11.2.2

1　一些大型别墅以及跃层式住宅建筑，其垂直布线通道可能会采用线槽或桥架，各层会设置有分线箱/过路箱，对于此类住宅可考虑采用分层汇聚的方式。住户信息配线箱是住户内信息的汇聚点，采用光纤布线系统时，该箱内可安装光分路器、路由器等设备，为用户提供话音、数据等各种通信业务的接入。无线路由器则通过无线的方式为住户提供相应的业务接入。

2　对于采用远程供电模式的面板式AP，住户内布线需采用光电混合缆。光电混合缆除了可提供光信号传输，同时还能够与远程供电单元一同实现为面板式AP远程供电的功能。

12 器材检验

12.1 一般规定

12.1.1 工程施工前对工程器材的型号、规格、数量和质量进行检验是施工准备工作的重要内容，也是施工单位应负的责任。

根据“谁采购谁负责”的原则，虽然供方的验证不能免除顾客提供可接收的产品的责任，不论施工单位是器材采购方或仅仅是器材使用方，都应事前对施工器材进行检验，并保存检验记录。

器材检验一般采用目测法，即目测器材的型号、规格、数量应相符，外包装应无破损等。而对某些器材如线缆等，需对某些特性进行测试，以核实其与标准的符合性。

12.3 钢材、管材及铁件检验

12.3.4

1 住宅区内道路荷载等级比市政道路低，一般按照汽车-10级荷载考虑。因此，在住宅区内建设通信管道时，可选用轻型人(手)孔盖框，除了采用球墨铸铁盖框之外，也可选用其他各种复合材料制成的盖框，只要满足道路荷载要求，这里不作规定，由设计选用。

3 人(手)孔盖在盖合后平稳、不翘动，可令其承受动荷载时达到减震、降噪的效果；不移位是出于行人或车辆安全、防跌落的考虑。

12.5.7 B1.3D 和 B6 类光纤的技术参数见表 7 和表 8。

表 7 光纤尺寸及主要光学特性参数(B1.3D)

项目	单位	技术指标
1 310 nm 模场直径	μm	(8.6～9.5)±0.6
包层直径	μm	125±1
芯/包层同心度误差	μm	≤0.6
包层不圆度	%	≤1.0
包层/涂覆层同心度误差	μm	≤12.50
1 310 nm 衰减系数最大值(Ⅰ级)	dB/km	0.35
1 310 nm 衰减系数最大值(Ⅱ级)	dB/km	0.38
1 550 nm 衰减系数最大值(Ⅰ级)	dB/km	0.21
1 550 nm 衰减系数最大值(Ⅱ级)	dB/km	0.24
零色散波长范围	nm	1 300～1 324
零色散斜率最大值	ps/(nm^2·km)	0.092
1 500 nm 色散系数最大值	ps/(nm·km)	18
PMD(M-20 段、概率 Q-0.01%)	ps/$\sqrt{km}$	0.20

表 8 光纤尺寸及主要光学特性参数(B6)

项目	单位	技术指标			
		B6.a1	B6.a2	B6.b2	B6.b3
1 310 nm 模场直径	μm	(8.6～9.5)±0.4		(6.3～9.5)±0.4	
包层直径	μm	125.0±0.7			
芯/包层同心度误差	μm	≤0.5			
包层不圆度	%	≤1.0			

续表8

项目		单位	技术指标			
			B6. a1	B6. a2	B6. b2	B6. b3
涂敷层直径(未着色)		μm	245±10			
涂敷层直径(着色)		μm	250±15			
包层/涂覆层同心度误差		μm	≤12. 5			
1 310 nm 衰减系数最大值		dB/km	0. 38		0. 50	
1 550 nm 衰减系数最大值		dB/km	0. 24		0. 30	
1 550 nm 宏弯损耗最大值	弯曲半径 15 mm/10 圈	dB	0. 25	0. 03		—
	弯曲半径 10 mm/1 圈	dB	0. 75	0. 1		0. 03
零色散波长范围		nm	1 300～1 324		不规定注1	
零色散斜率最大值		ps/(nm^2·km)	0. 092		不规定注2	

注:1　零色散波长范围宜为 1 300 nm～1 420 nm。
　　2　零色散斜率的最大值宜为 0. 1 ps/(nm^2·km)。

光纤的测试方法参见现行国家标准《光纤试验方法规范》GB 15972。

常用的室外光缆有金属加强构件填充型松套层绞式铝-聚乙烯粘接护套室外光缆(GYTA);常用的入户光缆有接入网用蝶形引入光缆等。由于光缆的结构、规格种类繁多,本标准不再一一列举,如工程中用到其他规格的光缆,请参照国家及行业相关标准执行。

12. 5. 8　当光缆网同时提供话音、数据和广播电视,包括模拟图像信号等多种业务传输需要时,活动连接器应选用 APC 型适配器。

12. 6　室内外光纤分配设备检验

12. 6. 1

10　采用二级分光方式时,箱内应有足够的空间和相应的安装配件,以满足各电信业务经营者安装光分路器、光跳纤等的需求。在检查光缆交接箱、楼层配线箱配置时,应引起足够重视;否则在工程完工后发现问题,返工造成的损失是无法弥补的。

13 住宅区通信管道的施工

13.3 敷设管道

13.3.8 在敷设通信管道时，不应采用不等径的钢管对接，因为此种对接方法敷设的钢管管道，在穿放光缆时会造成光缆的外护套损坏。但是在实际工程中，经常会遇到进楼预埋管管径小于通信管道的情况，因此必须在管道竣工图上标明，此时光缆只能从小管径向大管径方向穿放，避免损坏光缆。

13.3.12 由于住宅区内通信布线已全部采用光缆，目前一条288芯的光缆外径仅21 mm左右，故对管道的孔径要求显著降低。市场上能提供的通信管道用管材品种很多，如多孔管、硅芯管等，因此本标准增加了此条文，允许住宅配套工程中使用双壁波纹管之外的其他管道材料，工程实施中按照设计规定。

在采用硅芯管新建管道时，可以不用混凝土包封，因为外径/内径为110 mm /100 mm双壁波纹管的环刚度不小于8 kN/m^2，而外径/内径为40 mm /33 mm硅芯管的环刚度不小于50 kN/m^2，远大于双壁波纹管。

13.4 管道试通及其他

13.4.4 当采用气流法敷设光缆时，如果硅芯管漏气，气吹光缆将无法进行正常敷设。

14 住宅建筑内通信配套设施的施工

14.3 楼层配线箱及住户信息配线箱

14.3.7 住户信息配线箱是继水、电、燃气之后的第四大家庭基础设施，起到统一管理家庭内的电话、传真、电脑、电视机等信息终端的作用，主要是通过入户光缆，把电话、宽带网等集中在一起，在住宅内进行统一分配、统一管理，提供高效的信息交换和分配，方便用户使用。因此，住户的暗配管系统应根据住户内布线系统的结构布放，目的是为业主营造一个美好、舒适的“宽带信息家园”，在其管理下，使用更方便、维护更容易。本标准仅要求住户内布设的暗管系统能满足“三网融合”的最基本配置，在选用住户信息配线箱时，应充分考虑光网络终端（ONU）、FTTR 主设备、光分路器、家用有线/无线路由器和其他智能化设施的安装空间，要求箱体结构紧凑、操作方便、便于维护，外形尺寸不宜过大，安装位置符合设计要求。住户内布线系指自住户信息配线箱至住户内各信息插座之间线缆的布放。住户信息配线箱是住户内布线的汇聚点，用于安装光网络终端（ONU）、FTTR 主设备、光分路器、无线路由器及 IP 交换机等设备。

随着人们生活水平的提高和科学技术的发展，家庭布线智能化越来越普及，卫星接收、家庭影院、高保真音响系统、背景音乐、安防监控及远程控制系统等功能更强大的电器设备进入家庭，使得住宅套内的暗管布线系统会更复杂。因此，对于家庭布线智能化有需求的高档住宅，暗管布线系统可根据实际需求进行配置，主要是着眼于更智能化、更易扩展新用途的系统，构筑一个更完美的家庭智能布线系统。

15 中心机房内设备安装

15.1 光纤配线架(箱、柜)的安装

15.1.1 光纤配线架(箱、柜)(简称ODF)通常用于光纤通信系统中局端主干光缆的成端和分配,可方便地实现光纤线路的连接、分配和调度。住宅及住宅区中心机房作为整个住宅区光缆的汇聚点,也是各电信业务经营者业务的接入点,通过汇聚点的上联光缆与各电信业务经营者的光缆网连接,下联通过住宅区内配光缆连接到每户住户,中间通过光缆汇聚点实现连接、分配和调度。

15.1.2 中心机房的汇聚点由不同权属的ODF组成,条文中所说的共享ODF指的是住宅区内光缆成端处,而各电信业务经营者的光缆成端在各自的ODF上,各电信业务经营者可通过跳纤跳接到任何一家住户。这里要说明的是,在大型的住宅区各电信业务经营者宜独立安装ODF,对于小型住宅区可以采用分框同架安装,各电信业务经营者的光分路器安装在各自的ODF内。由于每个住宅区覆盖的住户数不同,光缆的需求量也不同,另外考虑中心机房面积大小不一,因此中心机房内ODF可以采用架、柜、箱、框等多种形式,但是在采用同架、柜、箱内安装时,为了便于施工维护,应将各电信业务经营者的通局光缆成端和光分路器组成单一模块,采用分区安装。共享的ODF应单独安装,架间的连接可以通过桥架、线槽布放跳纤实现跳接。

15.3 电源安装

15.3.1 基于PON的光纤到户(FTTH)网络,是一个无源网络,

通常住宅区中心机房为无源机房，光线路终端（OLT）设备安装在各电信业务经营者的局端机房，由于光信号传送受传输距离的限制，不排除光线路终端（OLT）设备下移到住宅区中心机房的可能，此时中心机房将作为有源机房，对机架安装、电源配置、接地等均有一定要求。

15.4 接地安装

15.4.1 条文中所说的独立接地体是指在中心机房无法连接到建筑物所提供的共用接地体时，单独建立的一套接地系统。

16 室外光缆交接箱的安装

16.0.4

5 在气温较高或交接箱附近有地下供热管线时，人(手)孔中的积水或土壤中的水分会蒸发，水蒸气会通过交接箱底座的引入管道进入交接箱。因此，交接箱主箱体和隔水仓之间、人(手)孔至交接箱底座的管道必须严密封堵，并按设计要求做好防水防潮处理，如此可延长光缆交接箱的使用寿命，降低故障发生的概率。

17 住宅区线缆的施工

17.1 子管敷设

17.1.1 敷设子管的主要目的是为了保护光缆和提高管孔利用率。子管通常采用聚乙烯(PE)子管,也可以采用柔性纺织子管等其他形式的子管,其优点是可以分多次敷设。采用柔性子管时,一个管孔内能穿放多少条光缆可按条文说明公式(4)估算,估算出光缆的等效外径值不应大于管孔内径的85%。

17.2 光缆敷设

17.2.4 为了避免光缆在敷设过程中损坏,管道光缆一次牵引长度为1 000 m,实际施工中,通常以每2 000 m为一段,在中间1 000 m处向两端敷设,此时光缆的牵引长度满足1 000 m的要求。因此,在光缆敷设1 000 m后,将盘上剩余的1 000 m光缆采用打"8"字圈的方式从盘上放下,取出光缆的另一端继续敷设后1 000 m,考虑光缆敷设过程中最小弯曲半径不应小于光缆外径的20倍,在打"8"字圈时的内径不小于2 000 mm。在实际施工过程中,在施工场地许可的情况下,"8"字圈内径可以取大些。盘打"8"字圈时,还应注意两点:一是要打成横向"8"字(垂直于管道方向);二是注意光缆的引出方向不要打成反"8"字。

17.3 入户光缆敷设

17.3.3 非管道用蝶形引入光缆内没有阻水结构,长期浸泡在水中将影响光纤传输性能，故不适用于有水的地下管道内布放。

17.3.7 入户光缆在进入楼层配线箱后做端接插入适配器固定是为了分清界面，便于施工、维护、管理，保持箱内布线整洁有序，改接跳纤时不会影响到其他用户。

18　住户内通信线缆的施工

18.1　一般规定

18.1.3　住户信息配线箱内设置告知和警示标志是为了防止住户在二次装修过程中，随意移动信息配线箱位置，损坏住户内光缆和暗管系统。

18.2　住户内线缆敷设

18.2.2　对于新建或新装修住宅，住户内光缆是通过暗管进行敷设，需根据具体设计要求进行施工。

19 光缆系统测试

19.0.1 住宅区光缆线路的测试包括分段线路衰耗测试和入户光缆和住户内光缆通光测试。所谓分段线路衰耗测试，是指每段光缆敷设完毕后，对其进行测试，目的是检验每段光缆线路敷设后的光纤、光纤接续和端接是否符合设计要求，检验每段光缆的施工质量；入户光缆和住户内光缆通光测试，是指蝶形引入光缆布放入户后，利用红光笔对其进行检测，目的是检验入户段光路是否畅通。分段线路衰耗测试中主要采用 OTDR 设备，测试数据主要包括光缆长度和线路衰耗。测试时需对光链路不同的传输窗口进行测试，通常 E/GPON 的传输通道上行采用 1 310 nm 波长、下行采用 1 490 nm 波长（不含 10 GEPON）。这里要说明的是：由于光缆接入网中，光信号传输距离不同于长途光缆，长度较短，因此通常不考虑偏振模色散测试，但是当光信号的传输速率在 10 Gbps 以上时，应考虑偏振模色散测试。

20 工程验收

20.2 检验项目及内容

20.2.2

1 在“标准”一栏中“按设计要求”主要指施工单位应按工程设计文件(说明和图纸)中规定的要求和内容完成。

2 本标准仅对移动通信配套设施的建设提出验收要求,移动通信系统验收由电信业务经营者完成移动通信系统建设后自行组织。